KB252548

세상에서
가장 신비로운
우주지도

세상에서 가장 신비로운 우주지도

지식리트머스 지음

한국천문학회 교육홍보위원장 · 김봉규 감수

전국과학교사모임 회장 · 정성헌 추천

북스토리

밤하늘의 별들을 보면 마치 반짝이는 은빛 모래를 펼쳐놓은 것 같습니다. 그 아름다운 밤하늘에서 분명하게 구별되는 것은 태양과 달, 가끔 떨어지는 유성뿐입니다. 그럼에도 인류는 오래전부터 그러한 밤하늘과 별에 대하여 무한한 동경과 관심을 보여왔습니다. 그리고 그 관심은 우리에게 놀라운 사실들을 알려주기 시작했습니다. 하늘의 수많은 별들이 지구보다 훨씬 크다는 사실이나 태양이 우리가 사는 지구 주위를 도는 것이 아니라 지구가 태양의 주위를 돌고 있다는 사실 등 실로 상상할 수 없었던 것들을 말입니다.

이렇듯 우주에 대해 관심을 갖고 하나하나 알아가는 것은 인간의 타고난 본성인 동시에 알 수 없던 놀라운 세계를 찾아나가는 여행입니다.

하지만 우리가 알고 있는 우주에 대한 상식은 대부분 별자리 몇 개와 태양계 행성의 수, 일식, 월식 정도에 머물러 있습니다. 우주를 이해하는 일이 그리 만만한 일은 아니기 때문입니다. 사실 우주를 이해하기 위해선 연주시차나 도플러 효과 등 다소 복잡한 개념들을 알아야 하기 때문에, 많은 사람들이 이러한 개념들 앞에서 쉽게 우주에 대한 흥미를 잃어버리곤 합니다. 우주가 무한한 지식과 상상의 보고라는 점을 생각한다면 참으로 안타까운 일이 아닐 수 없습니다.

저는 『세상에서 가장 신비로운 우주지도』가 조금이나마 그런 안타까움을 달래줄 수 있지 않을까 하고 생각합니다.

이 책은 천문학자들이 자주 쓰는 천문 용어, 우주의 구조를 설명한 다양한 이론 등 필요하지만 다소 어렵게 느껴지는 개념을 매우 쉽게 설명해주고 있을 뿐 아니라, 초반에 흥미롭고 놀라운 상식들을 따로 묶어 우리의 흥미를 자연스럽게 불러일으켜 주고 있기 때문입니다. 누구나 쉽고 재미있게 우주의 지식을 얻을 수 있다는 것이 이 책의 장점입니다.

또한 이 책이 자라나는 꿈나무들과 우주에 무관심한 사람들에게 우주와 과학에 대한 관심을 가지게 되는 계기가 되었으면 합니다. 우주는 인간에게 겸손을 가르쳐줄 뿐 아니라, 지구와 인간의 근원에 대한 해답이며, 지구에서 사라져가는 에너지자원의 또 다른 광산이고, 지구에 닥칠지 모르는 위험에 대한 탈출구 역할을 도맡아줄 수도 있는 희망의 보물섬입니다. 이 우주라는 보물섬에 더 많은 분들이 흥미를 가질 수 있다면 인생의 폭도 넓힐 수 있고 우리나라의 미래도 더 밝아지리라 믿으며 이 책의 일독을 권합니다.

정성헌

전국과학교사모임 회장

밤하늘의 별들을 보면서 사람들은 우주가 어떻게 생겼는지, 언제 태어났는지, 별은 어떻게 태어나 어떻게 살아가고 또 죽어가는지 궁금해한다. 그러나 그런 사실들을 설명하는 초·중·고등학교의 교과서는 내용이 딱딱하고 이해하기도 어렵다. 그래서 좀 더 쉽게 설명하는 책이 없을까 해서 찾아보면 재미있고 쉬운 책들을 많이 찾을 수 있다. 그러나 그런 책들의 대부분은 비록 쉽고 재미있긴 하지만 다 읽고 난 뒤에도 실제 남는 것은 별로 없다. 과학의 본질인 원리의 설명을 생략한 채 흥미에만 치우쳤기 때문이다. 그런 면에서 이 책은 우주 현상이 어떤 원리를 바탕으로 하는지 설명함으로써 과학 서적의 본질을 지키고 있다는 장점이 있다. 이를 다른 면에서 본다면 다소 어려운 부분도 있음을 인정하지 않을 수 없다. 따라서 이 책은 단지 흥미만을 위해 읽는 독자들에게는 맞지 않을 수도 있다. 대신 미래에 훌륭한 과학자를 꿈꾸는 학생들이나 우주의 신비한 현상이 도대체 어떤 원리 때문에 일어나는지 궁금해하는 독자들에게는 큰 도움이 될 것이다.

이 책의 또 다른 장점은 천문학의 전 분야에 걸쳐 무려 125개의 흥미로운 현상들을 선택하여 설명하고 있다는 점이다. 또한 교과서에서 다루는 부분이기보다는 교과서의 지식을 가진 자라면 누구나 싶게 이해할 수 있게 쓰인 우주의 흥미로운 현상에 대한 설명서라 할 수 있다. 그래서 우주를 좋아하는 학생이라면 이 책의 내용을 두고 친구들과 서로 토론할 수도 있을 것이며, 주변 사람들에게 흥미로운 우주 현상을 소개하면서 왜 그런 현상이 일어나는지 이해시킬 수도 있을 것이다.

깊이 있는 사고를 포기한 채 단지 흥미만 추구하는 현대 사회에서 이 책이 미래를 꿈꾸는 청소년들에게 큰 도움이 되기를 기대하며 감수하고 추천한다.

김봉규 이학박사

한국천문연구원 대덕전파천문대 대장
한국천문학회 이사·교육홍보위원장

독자 여러분 중에는 『세상에서 가장 신비로운 우주지도』라는 제목을 보고, 아마 우주의 단골 이야깃거리인 별들의 궤도를 그려놓았거나 별자리에 관한 정보를 담은 책으로 상상하셨던 분이 있으실 겁니다. 그러나 이 책에는 별들의 궤도나 별자리에 대한 내용은 그리 많지 않습니다.

이 책은 별이나 우주를 여러 장의 지도에 옮겨 찾기 쉽게 해놓은 것이 아니라, 별들이 어떻게 생겨나고 상호작용하는지, 우주의 다양한 현상들은 왜 일어나는지와 같은 '우주가 움직이는 원리'에 대해 설명한 책입니다. 왜냐하면 우리 앞에 별자리나 우주의 사진을 펼쳐 보여준다 해도, 우주를 이해할 수는 없기 때문입니다. 심지어 인류는 아직도 우주 전체의 정확한 모습조차 사진에 담지 못했습니다.

　결국 우주를 이해하고 우주의 원리에 좀 더 다가가기 위해서는 함께 논리적 상상력을 펼치는 수밖에 없습니다.

　지금도 천문학자들은 지구와 닮은 행성이 태양계 밖에도 있는지, 외계인(지적 생명체)은 어디에 있는지, 은하계는 어떻게 해서 생겨났는지, 암흑물질(Dark matter)과 암흑 에너지(Dark energy)의 정체는 무엇인지, 우주 전체는 어떻게 탄생하였고, 향후 우주는 어떻게 될 것인지 등등 우주에 관한 수많은 수수께끼를 풀고자 도전하고 있습니다.

　이렇듯 우주는 불가사의한 세계입니다. 확실한 것은 우리가 우주를 이해하면 할수록, 그 안에는 우주의 심오한 이치와 비밀들이 모습을 드러낼 것이라는 점입니다. 그렇게 생각해보면 우주는 무한한 지식과 정보를 숨기고 있는 '거대한 보물섬'일지도 모릅니다. 그리고 이 책은 그 보물섬을 향해 가는 작은 지도가 되어줄 것입니다. 이제 보물지도를 들여다보듯이 책을 넘겨봅시다. 이 책은 우주에 관한 책을 처음으로 읽어보려는 사람도 쉽게 이해할 수 있게 꾸려놓았습니다. 궁금한 페이지부터 펼쳐 가볍게 읽어봐 주시기 바랍니다.

　2006년 여름, 명왕성이 행성에서 제외되었습니다. 당시, '명왕성 격하' 소식이 신문 제1면을 장식하고, 평소에는 천문학에 관심이 없던 사람들까지도 명왕성에 주목했습니다.

연말에 발표된 미디어의 중대 뉴스에서도 상위를 차지했는데, 그때 나는 '천문학이란 모두의 과학'이라는 것을 깨달았습니다.

천문학은 음악이나 수학과 함께 가장 오래된 학문 중 하나입니다. 날짜나 시각, 방위 등을 알기 위한 실용학문으로써 필요했을 뿐 아니라, 우주 그 자체가 인간에게 매력적이었기 때문입니다. 더욱이 천문학은 음악이나 수학과 나란히 커뮤니케이션하는 도구이기도 합니다. 언젠가 인류가 지구 외에서 지적 생명체를 발견하게 될 때, 그 역사적인 장면에서 도움이 되는 커뮤니케이션 도구는 음악과 수학과 천문학 그리고 천문학에서 발전한 현대 과학임이 분명합니다.

2009년은 유엔이 지정한 세계 천문의 해. 갈릴레이가 망원경으로 천체를 관측한 지 400년, 다윈 탄생 200년, 『종의 기원』 발행 150년이라는 '우주와 생명'의 기념해입니다. 그러한 해를 기다리는 독자 여러분에게 이 책이 우주와 우리들 인류의 관계에 대해 생각하는 계기가 되어주기를 기원합니다.

- 추천의 글 …5
- 머리말 …10

CHAPTER **1**

신기하고 놀라운 우주의 수수께끼

- 우주에 가면 키가 커진다? …20
- 지구를 지키는 보디가드 별이 있다? …21
- 우주에서 가장 비싼 별은? …23
- 토성의 고리는 1만 개? …24
- 천왕성은 누워서 지낸다? …26
- 북극성을 중요하다고 생각하는 이유는 뭘까? …27
- 몇 년에 한 번씩 1초가 늘어난다? …28
- 한국 최초의 우주센터가 있다? …29
- 우주에서 비빔밥을 먹을 수 있다? …30
- 상처가 나도 끄떡없는 우주선이 있다? …32
- 지구의 북극과 남극은 반대였다? …34
- 우주에도 바람이 분다? …36
- 한 마리 개가 우주 시대를 앞당겼다? …37

- 행성과 요일에는 비밀이 있다?···38
- 울트라맨의 고향은 어디에 있을까?···39
- 지구의 모든 생물이 혜성에서 왔다?···41
- 화성을 제2의 지구로?···42

CHAPTER **2**

재미있고 유익한 우주의 수수께끼

- 빛은 얼마나 빠른 걸까?···46
- 1광년은 몇 킬로미터일까?···47
- 우리가 보고 있는 시리우스는 과거의 별이다?···49
- 태양은 어떤 방식으로 타오르는 걸까?···50
- 태양처럼 빛나는 별 중 가장 가까이 있는 것은?···52
- 행성이 되기 위한 조건?···54
- 서양에서는 태양계 행성을 뭐라고 부를까?···55
- 행성들은 모두 암석으로 이루어졌을까?···57
- 태양계에서 가장 거대한 행성은?···59
- 규칙적으로 움직이는데 왜 '떠돌이별'이라고 부르는 걸까?···60
- 별의 밝기로 등급을 나눈다?···62
- 밤하늘에서 가장 밝은 별은?···64
- 초신성이 갑자기 빛나는 이유는 뭘까?···65
- 세상의 원소들은 어디에서 오는 걸까?···67
- 혜성과 유성의 정체는?···69
- 자전보다 공전이 항상 느리다?···72
- 만약 토성을 수조에 담근다면?···74
- 대기권이 하는 역할은?···75
- 춘분, 추분인데도 낮이 더 길다?···77
- 세계에서 가장 큰 망원경은?···78
- 우주에서 우주를 관측한다?···80

CHAPTER 3
지구와 달, 태양의 수수께끼

- 윤년은 왜 존재하는 걸까? ···84
- 지구의 사계절은 어떻게 생기는 걸까? ···85
- 지구 외에도 사계절이 있는 별이 존재할까? ···87
- 지구의 하루, 실은 23시간 56분? ···88
- 인류 멸망의 날짜는 정해져 있다? ···90
- 생명 탄생의 비밀은 어디까지 밝혀졌나? ···92
- 만일 다른 천체가 지구에 충돌한다면? ···93
- 태양의 위력은 어느 정도일까? ···95
- 지구의 자기권은 엿가락처럼 늘어져 있다? ···96
- 태양의 흑점으로 태양풍의 강약을 예측한다? ···98
- 아름다운 오로라가 태양풍의 작품일까? ···99
- 조그만 달이 태양을 가릴 수 있다? ···101
- 태양, 지구, 달이 나란히 설 확률은? ···102
- 달에도 바다가 있다? ···104
- 엄청난 충돌이 달을 만들었다? ···106
- 달의 속은 어떻게 생겼을까? ···108
- 같은 초승달이라도 볼 때마다 크기가 다르다? ···110
- 아무리 보고 싶어도 달의 뒷면은 볼 수 없다? ···111
- 달의 뒷면은 온통 상처투성이다? ···112
- 달이 나를 쫓아오는 이유는? ···113

CHAPTER 4
태양계와 은하계의 수수께끼

- 태양계 행성의 대기는 무엇으로 이루어져 있을까? ···116
- 명왕성은 왜소행성? 소행성? ···117
- 태양계 행성 중 가장 무거운 행성은? ···119
- 태양계에서 가장 알찬 행성은? ···120

- 태양계에서 제일 많은 위성을 가진 행성은? ··· 122
- 태양계 안에도 엄청난 온도 차이가 존재한다? ··· 124
- 아스테로이드 벨트엔 태양계 탄생의 비밀이 숨어 있다? ··· 126
- 은하수는 어떻게 만들어졌을까? ··· 127
- 은하는 어떻게 생겼을까? ··· 128
- 태양계는 은하 끝 쪽에 있다? ··· 130
- 은하의 형태는 어떤 게 있을까? ··· 131
- 우리은하가 안드로메다은하와 부딪힌다? ··· 134
- 혜성은 어디서 오는 것일까? ··· 134
- 혜성은 얼마 만에 돌아올까? ··· 135
- 우리나라에 떨어진 운석은 몇 개? ··· 137
- 운석은 비싼 돌이다? ··· 138
- 태양계 밖에는 행성이 얼마나 있을까? ··· 139
- 태양계 밖에도 지구 같은 행성이 있다? ··· 140
- 외계행성의 탐색 방법은? ··· 142

CHAPTER 5
소곤소곤 비밀스런 별의 수수께끼

- 우리가 보는 별자리는 누가 만들었을까? ··· 146
- 별자리 중에서 가장 큰 별자리, 가장 작은 별자리는? ··· 148
- 별자리도 국기의 심벌로 쓰일까? ··· 149
- 별은 왜 반짝반짝 빛날까? ··· 150
- 별은 어떻게 태어났을까? ··· 151
- 별의 최후는 질량에 따라 각각 다르다? ··· 153
- 자전과 공전은 별이 살아남기 위한 필수 운동이다? ··· 154
- 눈으로 보고 셀 수 있는 별의 개수는? ··· 156

- 우주에서 '한 덩치' 하는 별들은? ··· 158
- '술 취한 별'이 있다? ··· 160
- 별들에게도 출생지가 있을까? ··· 162
- 우주의 시한폭탄은 어떤 별? ··· 163
- 초신성의 폭발은 과연 위험하기만 한 걸까? ··· 165
- 우주에서 제일 더운 별은? ··· 166
- 액체질소보다 더 차가운 천체가 있다? ··· 167
- 별무리로 시력검사를 할 수 있다? ··· 170
- 저 별은 지구에 다가오는 걸까? 멀어지고 있는 걸까? ··· 171
- 연주시차로 어떻게 별의 거리를 잴까? ··· 173
- 별똥별에 대한 여러 기록들! 21세기에 유성우를 보려면? ··· 176

CHAPTER 6

알면 알수록 궁금한 우주의 수수께끼

- 우주의 온도는 몇 도? ··· 180
- 우주는 왜 0K가 아닐까? ··· 181
- 우주가 가장 뜨거웠던 순간은? ··· 182
- 스타더스트 호는 왜 우주먼지를 모을까? ··· 184
- 블랙홀은 어떻게 발견했을까? ··· 185
- 무엇이든 밖으로 내보내는 화이트홀이 있다? ··· 187
- 블랙홀을 빨아들이는 블랙홀이 존재한다? ··· 187
- 지구를 블랙홀로 만들 수 있다? ··· 190
- 정체불명의 천체가 있다? ··· 192
- 우주에 대해 인간은 얼마나 알고 있을까? ··· 193
- 우주 밖에는 무엇이 있을까? ··· 195
- 우주의 미래는 과연 어떻게 될 것인가? ··· 197

CHAPTER **7**
신나고 유쾌한 우주여행의 수수께끼

- 우주복은 추위만 막아준다?···200
- 우주복은 최고급 의류?···201
- 우주에서는 어떻게 샤워를 할까?···203
- 우주비행사에게 필요한 자질이란?···204
- 나사(NASA)는 무슨 일을 할까?···207
- 인간이 만든 것 중 가장 멀리 나아간 것은?···208
- 우주에서는 중력이 없어진다?···210
- 탐사기의 최후는 어떻게 될까?···212
- 우주에도 기상예보가 있다?···214
- 미래의 우주개발계획은?···215
- 가장 가까운 우주 이주지 후보는?···217
- 우리나라는 언제부터 달과 별을 관측했을까?···218
- 인공위성은 무슨 일을 할까?···220
- 우리나라에서도 우주선을 쏘아 올렸을까?···222
- 우리나라의 인공위성에는 어떤 것들이 있을까?···223
- 우리나라도 인공위성을 해외에 수출한다?···224
- 외계인 탐색 프로젝트에 참가해볼까?···225

천문대에 가보고 싶다면?···229

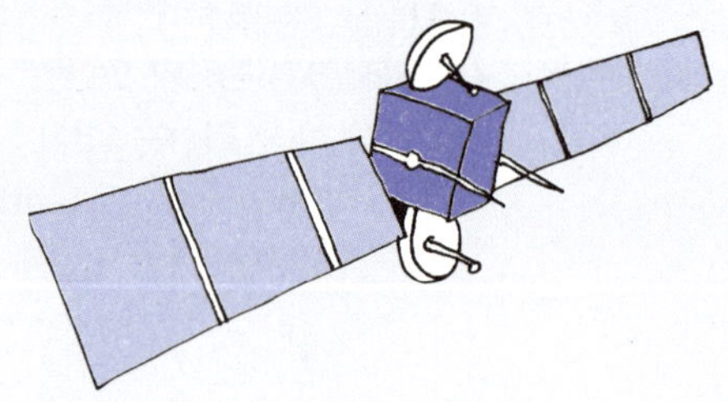

신기하고 놀라운 우주의 수수께끼

우주에 가면 키가 커진다?

우주에 가면 키가 커질까? 믿기 어려운 이야기지만 사실이다. 우주에서는 중력의 영향을 받지 않아 척추가 느슨해지기 때문에 키가 3~5센티미터 정도 커지게 된다. 키가 작은 사람에게는 반가운 소식일 수도 있다.

그런데 우주공간에서는 키가 커질 뿐만 아니라, 우리 몸 구석구석에 여러 가지 변화가 일어난다. 오랫동안 우주에 있다 보면 근육이 15퍼센트 정도 줄어들고, 얼굴이 부어오르

며 피가 줄어든다. 또 균형을 잘 잡지 못해서 어지럽고 메스꺼워진다. 무엇보다도 뼈에서 칼슘이 빠져나가기 때문에 뼈가 무척 약해진다. 그래서 우주비행사들은 매일 운동을 하고 꾸준히 칼슘과 영양을 보충하면서 건강을 유지한다. 어찌 보면 키는 커지지만 상당히 힘든 환경을 견뎌야만 하는 것이다.

혹시 키가 커질 수 있다는 말에 솔깃하여 우주에 가고 싶어하는 사람도 있을지 모르겠다. 하지만 지구로 돌아왔을 때 커졌던 키가 다시 원래대로 줄어든다는 점도 간과하지 말아야 한다. 지구는 중력이 있는 곳이기 때문에, 우주에서 평생 지낼 게 아니라면 결국 키가 원래대로 돌아오는 것은 피할 수 없다.

지구를 지키는 보디가드 별이 있다?

태양계 행성들의 표면에는 반드시 어딘가에 상처가 있다. 우주를 떠돌아다니는 유성체나 혜성이 행성의 인력에 끌려가서 부딪히기 때문이다. 지구도 예외는 아니다. 그 대표적인 것이 미국 애리조나 주의 사막에 있는 지름 1.2킬로미터,

깊이 170미터의 운석 구덩이(크레이터)다. 이런 운석 구덩이는 확인된 것만도 지구에 약 100개 정도가 있다. 여기에 비바람으로 인해 사라져버린 운석 구덩이와 바다로 떨어져 구덩이를 만들지 못하고 사라져버린 것까지 생각한다면, 지구에 부딪힌 혜성과 운석의 수는 훨씬 더 늘어난다.

이러한 무시무시한 지구의 환경을 걱정해서일까? 한때 목성은 지구를 지켜주는 보드가드 행성으로 알려졌었다. 목성은 지구보다 강한 인력을 가지고 있고, 그 인력으로 혜성과 운석들을 끌어당기거나, 태양계 밖으로 튕겨낸다고 믿었다. 만약 목성이 없다면, 혜성이나 운석이 지구에 충돌할 확률

은 1,000배까지 높아질 거라고 말이다. 그러나 이런 생각은 절반만 유효한 것임이 밝혀졌다. 목성은 혜성에 한해서만 지구를 지켜준다고 보는 것이 옳다. 운석들에 관해서는 오히려 그 반대다.

오늘날의 천문학자들은 목성이 소행성이나 운석들이 하나의 큰 행성으로 진화하는 것을 막고 있다고 본다. 그 결과 작은 덩어리들로 남아 우주를 떠돌면서 지구에 부딪힌다고 생각하는 것이다. 어찌 보면 어제의 우군이 오늘의 적이 된 셈이다.

우주에서 가장 비싼 별은?

우주에서 최고로 비싼 별인지는 알 수 없지만, 현재까지 알려진 별 중에서 상상할 수 없을 정도로 비싼 별이 있다. 바로 다이아몬드별이라는 별명을 가지고 있는 '루시'가 그 주인공이다. 지구에서 50광년 떨어진 센타우루스자리에 있는 루시는 죽어가고 있는 별이다. 별의 일생 중 마지막에 이르면 많은 별들이 푸르스름한 흰색을 띠며 죽는데, 이런 별을 '백색왜성'이라고 한다. 백색왜성인 루시는 현재 천천히

식어가는 중인데, 그 와중에 뜨거운 중심 부분의 탄소 결정체가 식어서 거대한 다이아몬드로 변해버렸다. 별 전체가 다이아몬드니 가히 우주에서 가장 비싼 별이라고 해도 손색이 없을 것이다.

토성의 고리는 1만 개?

토성하면 가장 먼저 떠오르는 것이 몸에 두른 고리다. 지구에서 관측했을 때는 토성에 고리가 하나인 것처럼 보이기도 한다. 그런데 실제 토성의 고리는 하나가 아니라 여러 개로 이루어졌다.

1675년 프랑스의 천문학자 카시니는 망원경으로 토성의 고리를 관찰했고, 그때 토성의 고리가 하나가 아니라 여러 개라는 사실을 알아냈다. 그리고 고리의 안과 밖을 구분하는 검은 틈까지 찾아내는 데 성공했다. 오늘날에는 그 검은 틈을 '카시니의 틈'이라고 한다.

토성의 고리는 10,000개가 훨씬 넘는다고 할 수 있다. 좀 더 자세히 보면 7개의 큰 띠가 있고, 각 큰 띠마다 수천 개에 이르는 가느다란 띠들이 둘러져 있기 때문이다. 그 수많

토성
토성의 고리
카시니의 틈

은 고리들이 레코드판처럼 빽빽하고 곱게 토성을 둘러싸고 있다.

토성의 고리들은 아주 작은 알갱이에서부터 엄청나게 큰 덩어리까지 다양한 얼음 덩어리로 이루어져 있어서, 빛을 받으면 고리가 반짝거리며 아름답게 보인다.

천왕성은 누워서 지낸다?

천왕성은 망원경을 통해 발견한 최초의 행성이다. 즉, 맨눈으로는 보이지 않는다는 이야기일 것이다.

1781년 천왕성을 처음 발견한 영국의 천문학자 허셜은, 처음엔 천왕성을 태양에서 멀리 떨어져 있어 꼬리가 아직 발달하지 않은 혜성쯤으로 생각했었다. 그로부터 1년여 동안 추적을 계속하여 허셜은 전문가에게 의뢰해 그 천체의 정확한 궤도를 밝혀냈고, 그 천체가 원 궤도를 가진 새로운 행성이라는 사실을 알게 된다.

흥미로운 사실은, 대부분의 행성은 자전축의 기울기가 30도 미만(지구는 23.5도)인 것에 비해 천왕성은 98도로 거의 옆으로 누워 있다는 사실이다. 그 결과, 천왕성의 북반구는

공전주기 84년 중 처음 42년간은 계속 낮이고, 나머지 42
년간은 계속 밤이 되어버린다. 만약 천왕성에서 살게 된다
면 지금처럼 하루에 낮과 밤을 볼 수 있는 일 같은 건 상상
도 할 수 없을 것이다.

북극성을 중요하다고 생각하는 이유는 뭘까?

북극성은 아주 큰 별로, 많은 사람들이 가장 중요하게 생
각하는 별이다. 그 이유는 북극성이 지구 자전축 위에 있어
서 밤하늘의 모든 별들이 계절에 따라 움직일 때도 그 위치

가 크게 변하지 않기 때문이다. 그래서 지금보다 과학이 발달하지 않은 옛날에는, 북극성이 지구의 북반구를 여행하는 여행자들과 뱃사람들에게 나침반 역할을 했다. 이러한 북극성은 밤하늘에서 작은곰자리의 꼬리 끝에서 반짝이며, 태양계에서는 800광년이나 떨어져 있다.

북극성을 빨리 찾고 싶다면 눈에 잘 띄는 큰곰자리의 북두칠성과 카시오페이아자리를 먼저 찾아봐야 한다. 카시오페이아자리와 북두칠성은 북극성을 중심으로 돌고 있기 때문이다.

북반구에서는 봄, 여름, 가을, 겨울 어느 때나 밤하늘에서 북극성을 볼 수 있다. 북쪽이 어느 쪽인지 궁금할 때는 북극성을 찾아보는 건 어떨까?

몇 년에 한 번씩 1초가 늘어난다?

하루가 24시간이라는 것은 누구나 다 아는 사실이다. 그러나 현대에 이르러 하루가 정확히 24시간은 아니라는 것을 알아차렸다. 그것은 1955년에 원자시계가 발명되어 냉혹할 만큼 정확한 시간을 측정할 수 있게 되었기 때문이다.

그럼 하루는 정확하게 몇 시간 몇 분일까?

지구는 달의 인력의 영향으로 아주 조금씩이지만 자전이 늦어진다. 예를 들어 2000년에는 자전이 약 2밀리초(1밀리초는 1,000분의 1초) 정도 늦어져 하루가 24시간보다 길었다.

사소하지만 이런 시간이 쌓이다 보면, 하루는 점점 더 많이 어긋나게 된다. 이것을 없애기 위해서 '윤초'란 개념이 생겼다. 윤초는 23시 59분 59초와 0분 0초 사이에 59분 60초를 집어넣어 만들게 된다.

윤초는 1972년 이래 몇 년에 한 번씩 계속 실시되고 있는데, 너무 번잡하기 때문에 '윤시'를 도입하자는 주장도 제기되고 있다.

한국 초초의 우주센터가 있다?

우리나라는 우주 시대를 위하여 '외나로도 우주센터'를 건설했다. 외나로도 우주센터는 우리나라의 자체 기술로 인공위성을 우주공간으로 보내기 위해 건설한 한국 최초의 우주발사기지다.

이 우주센터는 전라남도 고흥군 외나로도라는 섬에 있으며, 단계별로 건설을 진행하여 2008년 9월에 1단계 완공을 끝마쳤다. 2009년부터는 직접 발사체를 만들어 한국의 힘으로 위성을 쏘아 올리기 위한 시도들을 계속하고 있다.

우주센터의 주요 임무 및 기능은 인공위성 등 발사하는 물체의 조립과 검사, 발사 준비 및 발사, 안전 관리, 발사기술 개발, 성능 시험 등 다양하다.

우리는 오랫동안 우주개발을 다른 선진국들만의 일이라 생각해왔지만 이제 나사(NASA)처럼 우리나라에도 우주 연구와 개발을 위한 최고의 시설들을 서서히 갖추고 있다. 우리나라에서 우주선을 쏘아 올리고 한국인이 달과 화성, 그리고 우주를 마음껏 탐사할 날도 그리 멀지 않았다.

우주에서 비빔밥을 먹을 수 있다?

지구를 떠나 오랜 기간을 우주공간에서 보내는 우주비행사들. 그들은 무엇을 먹으며 지낼까?

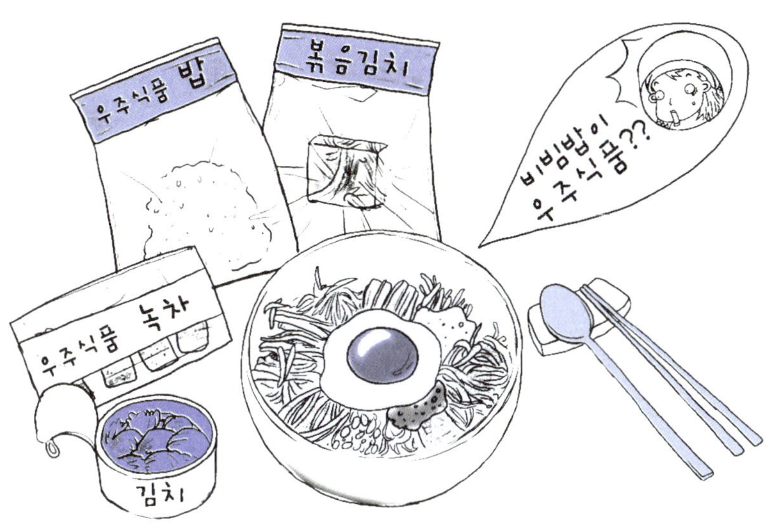

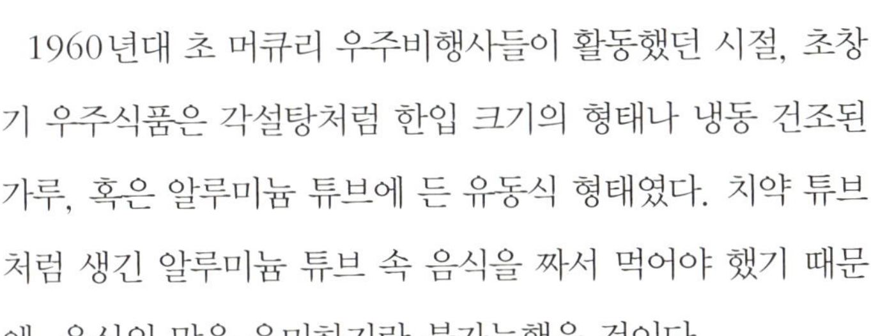

　1960년대 초 머큐리 우주비행사들이 활동했던 시절, 초창기 우주식품은 각설탕처럼 한입 크기의 형태나 냉동 건조된 가루, 혹은 알루미늄 튜브에 든 유동식 형태였다. 치약 튜브처럼 생긴 알루미늄 튜브 속 음식을 짜서 먹어야 했기 때문에, 음식의 맛을 음미하기란 불가능했을 것이다.

　1960년대 후반 아폴로 시절에는 최초로 67도 가량의 뜨거운 물을 이용해서 음식을 데워 먹을 수 있었다. 오늘날은 메뉴가 다양해져서 파스타, 스튜, 새우 칵테일, 아이스크림까지도 먹을 수 있다. 현재 우주왕복선에는 100여 가지 우주식품이 제공되고, 나사에서 새롭게 준비하는 우주식품도

150종이나 된다고 한다.

한국 최초의 우주인 이소연 씨는 우주식품으로 개발된 우리 한국음식 10가지와 함께 우주로 떠났었다.

의생물학연구소(IBMP)의 엄격한 심사를 통과한 한국 우주식품들은 국내 연구단체들과 식음료 업체들이 공동 연구를 진행해 개발해낸 것들이다. 한국식품연구원은 볶음김치와 고추장, 된장국, 홍삼차, 녹차, 밥을 해당업체와 공동 연구해 우주식품으로 개발했다. 한국원자력연구원도 업체와 협력하여 김치, 라면, 생식바, 수정과를 개발했다. 앞으로 한국인 우주비행사가 비빔밥을 먹을 날도 얼마 남지 않았다.

상처가 나도 끄떡없는 우주선이 있다?

늘 크고 작은 위험이 도사리고 있는 우주. 이런 우주에서 우주선이 운석의 일부나 인공위성 등에서 떨어져 나온 부품에 부딪히면 큰일이다. 또한 잦은 온도 변화 때문에 우주선 바깥에 금이 가는 경우도 생길 수 있다.

영화에서는 고장 난 우주선이 자동으로 고쳐지는 장면이 나오지만, 아직 우주선의 외부를 자동으로 고칠 만한 기술을 갖추고 있지 못한 게 현실이다. 게다가 마치 무중력처럼 느껴지는 허공상태의 우주에서 사람이 직접 나가서 고친다는 것도 많은 무리가 따른다.

그러나 가까운 미래에는 그런 문제가 해결될지도 모른다. 네덜란드에 있는 유럽 우주공학 연구센터의 크리스토퍼 셈프리모슈니히 박사팀이 고장 난 곳을 자동으로 수리할 수 있는 우주선 소재를 만들고 있기 때문이다.

물론 만들기 시작한 지 얼마 되지 않았기 때문에 10년쯤 기다려야 쓸 수 있다고 한다. 그렇지만 무엇보다 오랫동안 사용할 수 있는 우주선이 만들어질 수 있는 좋은 기회인 것만은 사실이다.

이런 일이 가능한 것은 신기한 섬유 덕분이다. 이 섬유는 겉은 유리로 되어 있고 속에는 액체로 된 접착제가 들어 있어서, 이 섬유로 만든 우주선 외부가 깨지거나 부서지면 섬유 속에 들어 있는 접착제가 나와서 깨진 부분을 붙여 준다. 이 섬유 덕택에 10년 후에는 우주에서 장거리 여행을 하는 일이 좀 더 쉬워질지도 모른다.

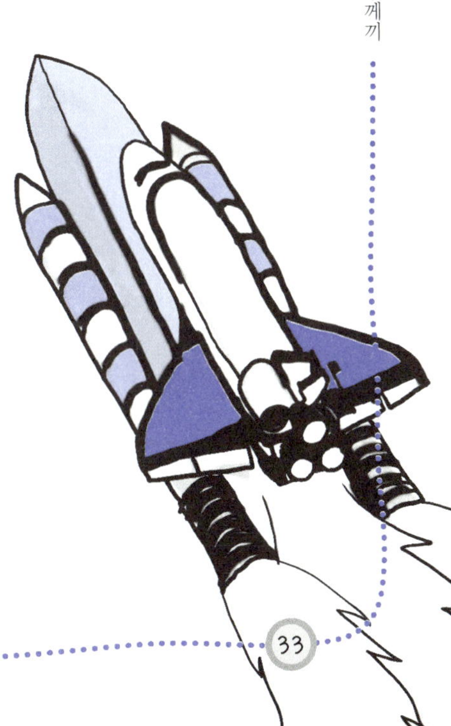

지구의 북극과 남극은 반대였다?

나침반의 바늘이 남북을 가리키는 것은 왜일까? 그것은 지구가 가지고 있는 지구자기(지구의 자력) 때문이다. 지구 자체가 하나의 커다란 자석처럼 되어 있기 때문에 북극 가까이에선 북자극이, 남극 가까이에선 남자극이 작용하여 나침반은 남북을 가리킨다.

그런데 지구자기는 지구 내 핵의 운동이나 태양의 활동에 의해 미묘하게 변한다. 그로 인해 자석이 가리키는 북쪽과 정북쪽이 어긋나면서 차이가 발생하게 된다.

더욱이 놀라운 것은 지구 자기장의 역사에 있어서 항상 자석의 N극이 북극 쪽을 가리키고 있었던 것은 아니라는 사실이다.

46억 년 전 지구 탄생 이후 북극과 남극이 뒤바뀌는 '자기장의 역전'이 몇 번이나 발생했기 때문이다. 즉, 예전에 지구의 북극과 남극은 반대였던 적도 있었다는 얘기. 게다가 360만 년 동안 지구상에 자기장의 역전은 9번이나 일어났었다.

지구의 과거 자기장을 나타내는 암석의 잔류자기를 측정해보니, 가장 최근에는 70만 년 전에 자기장의 역전이 일어났음을 알 수 있었다. 자기장의 역전은 불규칙적으로 발생했으며 그 시기에 많은 생물이 멸종했다는 사실도 밝혀졌다.

다만 왜 자기장의 역전이 발생하는지, 자기장의 역전이 점차 일어나는지 아니면 어느 날 갑자기 변하는지 등 중요한 사항은 여전히 베일에 싸인 채 남아 있다.

다음에 언제 또 자기장의 역전이 발생할지 역시 아무도 알 수 없다.

우주에도 바람이 분다?

흐림, 비, 눈 등 지구의 기후현상은 지구상에 대기와 물이 있기 때문에 일어나는 자연현상이다. 그렇다면 우주는 진공 상태니까 날씨 같은 게 있을 리 없다고 생각하는 사람도 있을 것이다.

그러나 인류는 이미 '우주기상예보'를 실시하고 있다. 우주기상예보의 관측대상은 바로 태양풍이다. 태양풍이란 전하를 띤 입자, 즉 원자핵과 전자가 분리된 플라스마의 흐름이다. 이 태양풍을 맞는 것은 방사능을 맞는 것과 똑같기 때문에 인간이 맞게 되면 대단히 위험하다.

그러나 현재 인류에게 직접적인 피해는 나타나지 않는다. 그 이유는 자기장이 지구를 보호하고 있어서 태양풍의 직접적인 영향을 받지 않기 때문이다.

지구는 하나의 커다란 자석과 같다. 나침반의 N극이 항상 북극 방향, 즉 북쪽을 가리키는 것은 북극이 N극, 남극이 S극으로 되어 있기 때문이다. 이 지구의 자력이 미치는 범위를 '지구자기권'이라 한다. 이 지구자기권이 보호막이 되어 태양풍의 진입을 막기 때문에 지구는 끊임없이 불어오는 태양풍에도 피해를 입지 않는다.

한 마리 개가 우주 시대를 앞당겼다?

1957년 11월 3일, '라이카'라는 이름의 개가 구소련에서 쏘아 올린 스푸트니크 2호를 타고 우주로 갔었다. 우주에서도 생물이 살 수 있는지, 그리고 어떻게 반응하는지 알아보기 위한 실험이었다.

그런데 라이카를 태운 스푸트니크 2호에는 지구로 돌아올 때 쓸 캡슐이 없었기 때문에, 라이카는 지구로 돌아오지 못하고 숨을 거두었다. 이 때문에 구소련은 사람들로부터 많은 비난을 받았다.

그 이후 오랫동안 라이카가 죽은 정확한 이유는 알려지지 않았다가, 최근에서야 라이카는 인공위성이 발사된 지 몇 시간 만에 죽었다는 사실이 밝혀졌다. 낯선 우주선 안에 혼자 있느라 스트레스를 많이 받았기 때문이었다.

이렇게 인간이 우주공간에 도착하기 이전에, 라이카와 같은 동물들이 먼저 도착하여 우주공간에서의 지구 생명체 반응과 같은 귀중한 자료를 제공했다. 덕분에 인간

이 우주로 진출하는 시기를 앞당길 수 있었으니, 라이카와 같은 실험용 동물들의 희생을 잊지 않도록 하자.

행성과 요일에는 비밀이 있다?

월, 화, 수, 목, 금, 토, 일. 1주일을 구성하는 요일들은 태양계 행성과 깊은 관련이 있다.

월요일의 월(月)은 달, 화요일의 화(火)는 화성, 수요일의 수(水)는 수성, 목요일의 목(木)은 목성, 금요일의 금(金)은 금성, 토요일의 토(土)는 토성, 그리고 마지막으로 일요일의 일(日)은 태양을 가리킨다.

그런데 몇 개 빠진 행성이 있다. 우선 지구가 빠졌고, 천왕성, 해왕성이 빠졌다.

지구가 빠진 것은 옛날 사람들이 지구를 우주의 중심이라고 믿었기 때문이다. 그리고 나머지 행성들은 눈으로 볼 수 없었기 때문에 넣지 않았다. 그래서 1781년 영국의 천문학자 허셜이 천왕성을 발견하기 전까지 수천 년 동안 행성의 개수는 오직 5개로만 알려졌었고, 결국 요일에 적용한 행성도 5개일 수밖에 없었다.

울트라맨의 고향은 어디에 있을까?

어린 시절, 우리에게 꿈과 희망을 주었던 영웅인 울트라맨. 그는 어디서 온 것일까? 울트라맨 만화영화를 밥 먹듯이 보았던 분이라면 즉시 답할 수 있을 것이다. 그건 M78성운 이라고 말이다.

M78성운은 오리온자리의 3개의 별 부근에 위치하는 성운

으로, 지구에서 약 1,600광년 떨어진 곳에 있다.

울트라맨은 역시나 영웅답게 1,600광년 이상이나 되는 긴 시간에 걸쳐 지구의 평화를 지키러 찾아와주었다.

그러나 울트라맨의 고향인 M78성운이 잘못 알려졌다고 주장하는 이들도 있다.

울트라맨의 부모라고 할 수 있는 일본의 츠부라야 에이지 감독은 처녀자리 은하단의 중심에 있는 M87은하를 울트라맨의 고향이라고 생각했다고 한다.

M87은하는 처녀자리 은하단 가운데서 가장 밝은 메시에 목록 87번째의 타원은하다. 지구에서 약 4,000만 광년 떨어진 먼 거리에 있으며, 그 크기 또한 지름으로 약 4만 광년에 이른다.

특히 이 은하가 유명한 것은 다른 성운보다 500배 이상의 강한 전파를 복사하고 있다는 점이다. 이런 사실로 미루어 보면 은하의 중심핵 부근에 강한 에너지원을 가지고 있다고 추측된다.

이러한 엄청난 에너지를 가진 곳이라면 울트라맨 같은 막강한 힘을 가진 영웅이 있어도 전혀 이상하지 않을지도 모른다. 과연 어느 쪽이 울트라맨의 고향일까. 그것은 독자 여러분의 상상에 맡기도록 하겠다.

지구의 모든 생물이 혜성에서 왔다?

옛날부터 혜성은 오랫동안 '불길한 별' 혹은 '재수 없는 별'로 여겨졌다. 혜성이 나타나면 반드시 안 좋은 일이 일어난다고 여겼는데, 최근 몇몇 과학자들은 혜성이야말로 지구를 생명의 땅으로 만들어 준 고마운 존재라고 주장했다.

지구에 떨어져서 엄청난 폭발을 일으키는 혜성이 어째서 그렇게 고마운 존재로 변한 것일까?

그들의 말에 따르면 먼 옛날 지구에 생명이 싹트기 전, 멀리서 혜성이 우주의 여러 물질들을 품은 채 지구로 떨어졌다고 한다. 이때 혜성에는 생명의 기초가 되는 여러 가지 물질들이 함께 들어 있어서, 이 물질들이 서로 섞이며 수많은 생명이 탄생할 수 있었다고 한다. 어찌 보면 우리가 이렇게 존재하는 것도 지구에 생명이 탄생했기 때문에 가능한 일인 것이다. 만약 이 가설이 사실이라면 혜성을 불길한 상징으로 여기지 말고 오히려 고맙게 생각해야 할 것이다.

화성을 제2의 지구로?

　화성은 비교적 지구와 닮은 행성이라고 알려져 있다. 화성의 1년은 지구의 약 2년이지만, 1일의 길이는 거의 비슷한 데다 적지만 대기도 있다. 이 대기의 95퍼센트가 이산화탄소로 이루어져 있다고 한다. 그래서 화성을 지구처럼 생명체가 살 수 있는 환경으로 개선하려는 '테라포밍(Terraforming)' 계획을 세우고 있다.

　테라포밍, 즉 지구화 계획은 화성을 따뜻하게 한다는 것이 그 중심내용이다. 그러기 위해 화성에 내리쬐는 태양의 에너지를 모아, 에너지가 방출될 수 없도록 대기 속에 가두는

것이 가장 확실한 방법으로 여겨지고 있다. 이에 열을 쉽게 방출하지 못하게 하는 프레온가스를 이산화탄소가 있는 화성의 대기에 뿌려 온실효과를 발생시키자는 아이디어가 나왔다. 또한 거대한 거울을 설치해 태양광을 모으자는 아이디어 등도 계속해서 나오고 있다.

어쨌든 이런 것들이 가능해진다고 가정하면, 화성의 기온이 올라가게 되고 극 부분에 얼어 있던 얼음이 녹게 된다. 이 얼음이 녹아 바다가 만들어지고 지표면에 식물을 심어 광합성을 하면 산소도 생성될 수 있다. 그렇게만 된다면 인간이 살 수 있는 환경에 꽤 가까워질 것이다. 이 시나리오가 실현 가능할지 어떨지 간에, 우주를 향한 인류의 도전은 계속해서 진행 중이다.

CHAPTER 2
재미있고 유익한 우주의 수수께끼

안테나

빛은 얼마나 빠른 걸까?

커튼을 젖히면 빛은 기다렸다는 듯이 쏟아져 들어오고, 전구를 켜면 바로 방 안이 환해진다. 아무리 빠른 총알도 아직까지는 빛을 따라잡지 못했고, 소리보다 빠르다는 초음속 비행기들도 빛보다는 빨리 날 수 없다. 우리가 알고 있는 한 빛은 우주에서 가장 빠른 물체다. 이 정도 되면 빛은 속력이 무한대라서 동에 번쩍, 서에 번쩍 순간이동을 한다고 생각할 수도 있지 않을까?

그러나 그건 절대 아니다. 1초의 시간이 주어지면 빛은 지

구를 7바퀴 반을 돌 만큼의 속도로 나아간다고 한다. 이것은 빛의 속도가 엄청나다는 것을 말해주는 것이기도 하지만, 반대로 아무리 빨라도 1초에 지구를 10바퀴 돌 만큼의 속도를 가질 수 없다는 것을 의미하기도 한다. 결국 빛은 아무리 빨라도 1초에 약 30만 킬로미터를 나아가는 것이지, 그 이상의 속도로는 나아갈 수 없다는 것이다. 그래서 빛은 지구에서 태양까지 가는 데 8분 19초라는 시간을 소요해야 한다.

그렇다면 도대체 빛의 속도는 어느 정도란 말인가? 이해하기 쉽게 시속 250킬로미터의 KTX와 빛의 속도를 비교해보자. KTX를 타면 지구에서 태양까지 무려 70년이나 걸린다. 승객이 차내에서 인생의 대부분을 보내고 말 이 거리를, 9분도 안 걸려서 가는 것이 빛이라고 생각하면 된다.

1광년은 몇 킬로미터일까?

안드로메다은하는 230만 광년, 시리우스 별은 8.7광년이라고 한다. 뭔가 꽤 멀고 먼 거리이긴 한 것 같은데, 도대체 얼마만큼 먼 거리인지 쉽게 파악할 수가 없다. 우리가 이 거리를 대충 짐작이라도 해보려면 무엇보다 광년이라는 개념

을 확실히 알아야 한다.

광년은 '빛이 진공상태에서 1년 동안 나아가는 거리'를 말하는 것으로, 천체와 천체 사이의 거리를 나타내는 단위로 많이 쓰인다.

빛은 현재까지 알고 있는 최고의 속력을 가진 물체로, 진공상태에서 정확히 초속 2억 9,979만 2,458미터로 나아간다고 한다. 한마디로 1초에 약 30만 킬로미터를 나아간다는 얘긴데, 말이 30만 킬로미터지 이 거리면 지구를 7바퀴하고 반을 돌아야 하는 거리다.

이 어마어마한 거리를 1초에 감으로 1년 동안 나아가는 거리인 1광년을 계산하려면 60초와 60분, 24시간, 여기에 365일을 곱해야 한다. 즉, 약 $300,000 \times 60 \times 60 \times 24 \times 365 =$ 약 9,460,800,000,000 킬로미터다.

단위가 조를 넘어가는 약 9조 4,600억 킬로미터가 고작 1광년이니, 우주의 스케일은 상상하기조차 힘들 정도다.

이 엄청난 우주의 스케일을 간결하게 나타내기 위해 천문학의 세계에서는 광년 이외에도 '천문단위'와 '파섹'이라는 단위를 쓰기도 한다. 1천문단위(AU)는 약 1억 4,960만 킬로미터로 태양과 지구의 평균거리를 기준으로 정한 것이다. 광년보다 더 큰 단위인 파섹(pc)은 연주시차 1초에 해당하는 거리로, 3.26광년이 1파섹이 된다.

우리가 보고 있는 시리우스는 과거의 별이다?

우리가 밤하늘의 별을 볼 수 있는 것은 별이 우리에게 빛을 보내고 있기 때문이다. 아무리 성능이 좋은 천체망원경을 쓰거나 전파망원경을 쓴다고 해도, 그들에게서 나오는 가시광선이나 전파가 없다면 우리는 그 별을 관측할 수 없다. 멀리 있는 행성을 쉽게 발견할 수 없는 이유도 행성은 스스로 빛을 발하지 않으므로, 행성에서 반사된 미미한 빛을 찾아내야 하기 때문이다.

중요한 것은 이 빛들이 곧바로 우리에게 올 수 없다는 사실이다. 알다시피 빛은 1초에 약 30만 킬로미터를 나아간다. 그러니 우리가 보는 태양은 지금 현재의 태양이 아니라, 지구에 도달하는 데 걸린 시간인 8분 19초 전의 태양일 수밖에 없다. 아무리 현재의 태양을 보고 싶어도, 지구까지 오는 빛의 속도 때문에 직접 태양 앞에 가서 보지 않는 한 어쩔 수 없는 일이다.

그렇다면 밤하늘에 빛나는 별들도 예외는 아니라는 얘기. 겨울철 밤하늘에서 밝게 빛나는 별인 시리우스를 예로 들어 보자.

지구에서 이 별까지의 거리는 8.6광년이다. 1광년은 빛이 1년 동안 나아간 거리라고 했으니, 시리우스가 발산한 빛이

지구까지 도달하는 데는 8.6년이 걸린다. 결국 지금 여기서 보고 있는 시리우스의 모습도 8년 전의 시리우스의 모습인 것이다.

심지어 지구에서 가장 가까운 은하인 안드로메다은하는 200만 년 전의 모습을 보고 있는 것과 같다. 지구와 안드로메다은하와의 거리가 200만 광년이기 때문이다. 달도 가고 화성도 가는 오늘날의 과학이라고 하지만, 우리는 어쩌면 우주의 고고학만을 연구하고 있는 건 아닐까?

태양은 어떤 방식으로 타오르는 걸까?

수많은 신화의 대부분은 그 근본에 태양을 두고 있다. 태양은 모든 생명의 근원이자 지구와 절묘한 거리에 있어서 먼 옛날부터 알맞은 에너지를 계속 공급해준다. 그럼 이 에너지는 어떻게 해서 생산되는 것일까?

태양의 주성분은 수소와 헬륨. 중심핵에서는 핵융합반응에 의해 끊임없이 수소가 헬륨으로 변하고 있다. 그때 생겨나는 에너지가 태양 활동의 근원이다.

중심핵의 온도는 1,500만 도. 1초에 약 5억 4,600만 톤

의 수소가 불타고 있다. 그 에너지의 위력은 2차 대전 시 일
본 히로시마에 떨어진 원자폭탄의 5조 배에 이른다. 이 무
시무시한 에너지의 제물이 되어 금성은 뜨겁게 타오르고 있
으며, 생명이 없는 별이 되었다. 지구도 조금만 더 태양에
가까웠다면 불타는 별로 변해버려서 당연히 생명이 탄생하
는 일도 없었을 것이다.

태양계의 중심인 태양은 영원히 타오를 것 같지만 사실 태양에도 수명이 있다. 스스로 타고 있는 태양도 타기 위한 재료가 없어지면 에너지를 낼 수 없다. 지금은 수소라는 재료가 있지만, 수소도 무한히 있는 것은 아니기 때문에 언젠가는 대부분 헬륨으로 바뀌어버릴 것이다.

그렇게 되면 이번에는 헬륨의 핵융합반응으로 또다시 불탈 것이다. 헬륨도 없어지고 더 이상 태울 것이 없을 때가 바로 태양의 수명이 다한 때다. 그렇게 되면 태양은 점점 어두워지고 머지않아 사그라져버릴 것이다. 그러나 그것은 아주 아득한 먼 훗날의 일이니 태양이 어두워질 것을 미리 걱정하지 않아도 된다.

태양처럼 빛나는 별 중 가장 가까이 있는 것은?

밤하늘을 올려다보면 밝은 별, 희미하게 보이는 어두운 별, 붉은 별, 하얀 별 등 다양한 별이 보인다. 눈으로 직접 볼 때 보이는 별들의 대부분은 지구가 있는 태양계에 가까이 있는 별들이다. 실은 우주에 있는 대다수의 별들은 너무 멀어서 잘 보이지 않기 때문이다.

그리고 눈에 보이는 별의 대부분은 항성으로 태양의 친척이라고 할 수 있다. 항성이란 태양처럼 스스로의 물질로 빛을 내는 천체를 말한다. 앞서 설명한 태양은 주성분이 수소라 핵융합반응을 일으켜서 팽창한 에너지를 방출하면서 빛을 낸다.

그런데 목성은 태양과 똑같이 수소와 헬륨이 주성분이지만, 태양보다 훨씬 작고 중력도 약하다. 그래서 핵융합반응

이 일어나지 않기 때문에 빛도 나지 않고 물론 항성도 될 수 없다.

그럼, 태양 다음으로 지구에 가장 가까운 항성은 무엇일까? 바로 센타우루스자리 α별이다. 가깝다고는 해도 지구에서 태양까지 거리의 약 29만 배나 떨어져 있다.

흥미롭게도 이 센타우루스자리 α별은 3개의 별이 서로 뭉쳐서 도는 '삼중성'이다. 삼중성은 별 하나하나가 하나의 항성계이기 때문에, 태양계 3개가 뭉쳐서 도는 것과 비슷하다.

특히 이 별들 중에는 '프록시마 센타우리'라고 불리는 별이 있는데, 어두운데다가 질량이 태양의 10퍼센트 정도밖에 안 되기 때문에 육안으로는 볼 수 없다. 하지만 이 별이야말로 태양을 제외하고 지구에서 가장 가까운 별이라 할 수 있다. 즉, 센타우루스자리 α별 중에서도 지구에서 가장 가까운 항성이란 이야기다.

행성이 되기 위한 조건?

일반적으로 행성이란, 태양과 같은 항성의 주변을 공전하는 천체를 말한다. 그런데 태양의 주변을 공전하는 것 중에는 혜성, 소행성 같은 것들도 있다. 국제천문연맹에서는 다른 천체와 행성을 구분하기 위해, 행성이 되기 위해서는 다음과 같은 세 가지 조건을 충족시켜야 한다고 정의한다.

첫 번째는 항성 주위를 돌고 있어야 하고, 두 번째는 대강이라도 공같이 둥근 모양을 유지할 수 있을 만큼 중력을 지탱할 만한 질량이 있어야 하며, 세 번째는 궤도 주위에서 다른 천체에 영향을 받지 않을 정도로 지배적이어야 한다.

태양계의 행성 중에서는 명왕성이 행성의 지위를 잃은 현재 수성, 금성, 지구, 화성, 목성, 토성, 천왕성, 해왕성만 행성이라고 부른다. 이들 태양계 행성들은 어찌 보면 태양 주위를 도는 천체 중에서도 상당히 까다로운 조건을 통과한 엘리트 천체인 셈이다.

서양에서는 태양계 행성을 뭐라고 부를까?

우리는 화성, 수성, 목성, 금성 등과 같이 태양계 행성을 부르는 이름이 있다. 이는 동양의 음양오행설에서 비롯된 화, 수, 목, 금, 토를 빌려온 명칭이다. 그럼 서양에서는 어떻게 태양계 행성의 이름을 부를까?

서양에서는 예전부터 태양계 행성의 이름을 대부분 로마 신화에 나오는 신들의 영어식 이름으로 불렀다. 수성의 이름은 소식을 전하는 신 '머큐리'로 불렀다. 수성이 태양에 가장 가까이 있고 움직임도 빠르기 때문에 붙여진 이름이다.

금성의 이름은 미의 여신 '비너스'다. 옛날 사람들은 별 가운데 유난히 빛나던 금성을 가장 아름답다고 생각했기 때문이다.

화성은 전쟁의 신 '마르스'. 화성이 붉기 때문에 전쟁과 관계있는 별로 생각했었다. 목성은 신들의 왕인 '주피터'로, 아마도 금성 못지않게 밝게 빛나는 모습을 보고 붙인 이름일 것이다. 목성이 신들의 왕이면 토성은? 바로 시간의 신이자 주피터의 아버지인 '새턴'으로 불렀다.

서양에서는 나중에 발견된 행성들에도 신들의 이름을 붙였다. 1781년에 발견된 천왕성의 이름은 하늘의 신 '우라노스'에서 따왔고, 해왕성은 바다의 신 '넵튠'에서 얻은 이름이다. 해왕성의 청록빛이 바다와 비슷하다고 생각했기 때문이다.

지금은 행성에서 탈락한 명왕성도 탈락하기 전에 불렸던 이름이 있다. 바로 지하 세계의 신 '플루토'다. 명왕성이 너무 작아 잘 보이지 않았기 때문에 어둠에 묻혀 있다는 의미를 강조한 것으로 보인다.

행성들은 모두 암석으로 이루어졌을까?

태양계 행성들이 모두 지구처럼 암석으로 이루어진 것은 아니다. 이들 행성은 암석이나 얼음, 가스 등이 서로 다르게 분포되어 만들어졌다고 할 수 있다. 그래서 일반적으로 태양계 행성은 크게 두 부류로 나누어 설명한다. 바로 지구형 행성과 목성형 행성이 그것이다.

지구의 특징을 가지고 있어서 지구형 행성이라 불리는 행성들은 수성, 금성, 지구, 화성이다. 이들은 목성형 행성보

다 크기가 작고 자전 속도가 느리다. 그러나 평균 밀도는 목성형 행성에 비해 적어도 3배 이상 높다. 이들은 암석으로 이루어져 있기 때문에 주성분으로 나눌 때도 모두 암석 행성에 속한다.

목성의 특징을 갖추고 있어서 목성형 행성으로 불리는 행성은 목성, 토성, 천왕성, 해왕성이다. 이들은 지구형 행성에 비해 반지름이 크다. 그리고 목성형 행성들의 자전 속도는 지구형 행성보다 빠른 것이 특징이다.

목성형 행성은 주성분에 따라 다시 둘로 나누기도 한다. 얼음 및 암석질 주위를 두터운 가스층이 에워싸고 있는 목성과 토성은 거대 가스 행성으로, 얼음 및 암석질 주위에 엷은 가스층이 있는 천왕성과 해왕성을 거대 얼음 행성으로 나눠서 부르는 것이다.

재미있는 것은, 예전에 천문학자들이 천왕성과 해왕성을 거대 가스 행성으로 오인했다는 점이다. 얼음 및 암석질 주위에 엷은 가스층이 있고, 지구에서 멀리 떨어져 관측하기 어려웠기 때문에 주성분이 목성이나 토성과 같을 거라고 오인한 것이다. 나중에 중심핵이 얼음으로 덮여 있고 그 주위를 메탄과 얼음이 섞인 대기가 에워싸고 있다는 것을 알아낸 후, 천왕성과 해왕성을 거대 얼음 행성으로 바꿔 부르게 되었다.

태양계에서 가장 거대한 행성은?

지구에서 먼 행성으로 알려진 천왕성과 해왕성도 작은 것처럼 생각하기 쉽다. 그러나 목성 바깥쪽 행성들은 모두 지구보다 훨씬 크다. 역시 눈으로 보는 것만으로는 어떤 행성이 가장 큰지 알기 어려운 것이다. 그렇다면 실제로 가장 큰 행성은 어떤 행성일까?

그것은 바로 목성이다. 지구 반지름이 6,378킬로미터인 데 비해 목성은 자그마치 7만 1,492킬로미터다. 이는 그 안에

지구가 11개나 쏙 들어갈 만한 크기다. 그다음으로 큰 행성은 토성으로 지구 9.5개분 정도의 크기이고 세 번째는 천왕성으로 지구 4개 정도의 크기다. 목성과 토성은 주성분이 가스이기 때문에 다른 행성들에 비해서 크기가 큰 것이다.

규칙적으로 움직이는데 왜 '떠돌이별'이라고 부르는 걸까?

본래 '행성'이라는 말에는 '떠돌이별'이란 의미가 들어 있다. 어째서 일정한 궤도를 규칙적으로 돌고 있는 별을 '떠돌이별'로 여겼을까?

그 비밀은 천체상에서 보이는 행성의 움직임에 있다. 밤하늘에 있는 대부분의 별은 지구에서 아득히 멀리 떨어진 곳에 있기 때문에 마치 한 자리에 박힌 것처럼 보인다. 그래서 지구가 태양 주위를 한 바퀴 돌아오는 다음 해에도 같은 장소, 같은 시간에는 똑같은 별이 똑같은 위치에서 보인다.

반면, 금성, 목성, 토성 등 태양계 행성들은 저 멀리 있는 별들과 비교하면 지구와 굉장히 가까운 곳에 있다. 가까이 있는 것들은 조금만 움직여도 크게 움직인 것처럼 보인다.

그뿐 아니라, 태양계 행성들은 모두 지구와 같이 태양을 중심으로 공전을 하고 있고, 그 공전주기가 모두 제각각이기 때문에 지구와의 거리가 수시로 변하게 된다.

이러한 관계를 야구경기장으로 연상해보면 좀 더 쉽게 이해할 수 있다.

야구경기장의 전광판을 우주의 별들이라고 생각해보자. 그리고 수비를 보는 1루수, 2루수, 3루수, 투수와 포수들은 모두 행성들이다. 이제 지구에 해당하는 자신이 타자가 되어 마운드에 서서 홈런을 치고, 1루와 2루, 3루를 거쳐 홈으로 들어오고 있다고 치자. 라운드를 돌면서 본 전광판은 크게 다르지 않지만, 수비수들과의 거리와 위치는 너무나 다르게 보일 것이다. 여기에 수비수들이 제각각의 속도로 뛰거나 걷기 시작한다면, 정말 자신의 위치에서 보는 수비수들은 뒤죽박죽으로 보일 수밖에 없다.

행성들의 움직임도 이와 같다. 행성들 나름대로는 규칙적으로 움직이지만, 지구의 입장에서 보면 공전주기가 다른 행성들의 움직임은 상당히 불규칙한 것처럼 보인다. 별자리 사이를 움직이면서 진행 방향을 바꾼다거나 때로는 역행을 하는 것처럼 보이는 것이다. 옛날 사람들은 이러한 이유를 알지 못했기 때문에 행성을 '떠돌이별'이라 불렀던 것이다.

별의 밝기로 등급을 나눈다?

밤하늘의 별을 보면 밝은 별과 어두운 별이 있다. 이 별들을 눈으로 보았을 때, 얼마나 밝은지를 구별하기 위해 별의 등급을 매겨놓았다. 눈으로 보았을 때 가장 밝은 별을 1등급, 가장 어두운 별을 6등급으로 구분한 것이 시초가 되었다. 한 등급의 차이는 밝기로 치면 약 2.5배. 따라서 1등성과 6등성을 비교하면 100배($2.5 \times 2.5 \times 2.5 \times 2.5 \times 2.5$) 정도 차이가 난다. 현재는 마이너스 등급까지 만들어져 표시하기 때문에 더 폭넓게 밝기를 표현한다.

참고로 태양은 마이너스 27등급, 보름달은 마이너스 12등급이며, 천왕성은 지구와 가까울 때 5.5등급이 된다.

그런데 눈으로 보이는 것과 실제 별의 밝기는 같을 수가 없다. 실제로 아무리 밝은 별이라도 그 거리가 너무나 멀면 잘 보이지 않고, 아무리 어두운 별이라도 매우 가까이 있다면 상당히 밝게 보일 수 있기 때문이다. 그렇기 때문에 눈으로 봤을 때 얼마나 밝은가를 표시한 것을 '겉보기등급'이라고 하고, 그 별의 실제 밝기를 '절대등급'이라고 한다.

그렇다면 겉보기등급이야 눈으로 보면서 그 등급을 매기면 되는데, 절대등급은 어떻게 등급을 매기는 것일까?

밝기가 거리와 관계가 있다면, 모든 별이 똑같은 거리에

있다고 가정하면 된다. 그래서 모든 별을 32.6광년 떨어져 있다고 가정하고 밝기의 등급을 매긴 것이 '절대등급'이다.

절대등급으로 보면 우리에게 가장 환하게 보이는 태양도 그렇게 밝은 별이 아니라는 사실을 알게 된다. 겉보기등급으로는 마이너스 27등급이지만, 절대등급으로는 고작 4.8등급, 한마디로 도시에서는 보이지 않는 정도의 밝기를 가진 별인 것이다. 태양이 이 정도라면, 절대등급이 마이너스인 별들의 실제 밝기는 어마어마하게 밝은 것이라고 할 수 있다.

밤하늘에서 가장 밝은 별은?

우리 눈에 보이는 천체 중 가장 밝은 것은 태양이다. 그렇다면 밤하늘에서 달과 태양계 행성들을 제외하고, 지상에서 볼 수 있는 가장 밝은 별은 어떤 것일까?

우리 눈으로 보았을 때 얼마나 밝은가를 묻는 것이므로, 겉보기등급이 가장 높은 별을 찾으면 된다. 그 별은 바로 시리우스다. 시리우스는 오리온자리의 베텔기우스, 작은개자리의 프로키온과 함께 겨울철 대삼각형을 이루는 큰개자리

의 별이다. 큰개의 코 부분에서 푸르스름하게 빛나는 이 별의 겉보기등급은 마이너스 1.5이다.

시리우스가 밝은 이유는 두 가지다. 첫 번째 이유는 지구에서부터의 거리인데, 8.6광년이라는 비교적 가까운 거리에서 빛나고 있기 때문이다. 두 번째 이유는 시리우스 자신이 내뿜는 빛의 양으로, 시리우스는 태양의 20배 이상이나 되는 빛을 내뿜고 있다.

시리우스 다음으로 밝은 별은 용골자리의 카노푸스로, 겉보기등급은 마이너스 0.7. 세 번째는 목동자리의 아르크투루스로 마이너스 0.04이다. 네 번째는 우리나라에서 볼 수 없는 태양을 제외하고 지구에서 가장 가까운 별인 센타우루스자리 α 별로 마이너스 0.01. 그리고 거문고자리의 베가가 0.03으로 그 뒤를 잇는다.

초신성이 갑자기 빛나는 이유는 뭘까?

밤하늘에 보이지 않던 별이 갑자기 등장하여 빛나기 시작할 때가 있다. 이 신비한 현상을 오랫동안 사람들은 별이 태어난 순간이라고 생각했다. 여기에서 '새롭게 등장한 별',

즉 초신성(超新星)이라는 이름이 붙게 되었다. 하지만 오늘날 이 사실은 완전히 뒤집히고 말았다. 초신성의 찬란한 빛은 별이 수명이 다하기 직전에 폭발하면서 내뿜는 빛이라는 사실을 알아냈기 때문이다.

그렇다면 그 폭발은 도대체 얼마나 자주 일어날까?

이론상으로 하나의 은하 내에서는 약 100년에 한 번 정도

폭발이 일어난다고 한다. 하지만 우리은하에서는 1604년 요하네스 케플러가 초신성을 발견한 이후, 아직까지 발견된 적이 없다. 그 이유는 은하중심핵을 사이에 둔 반대쪽은 관측할 수가 없고, 지구 가까이라고 해도 짙은 성간구름에 가려져 보이지 않기 때문이다.

반면 우리은하 밖에서는 1987년 지구에서 16만 광년 떨어진 대마젤란은하 속의 독거미성운 근처에서 대폭발이 일어났다. 남반구에서 누구나 볼 수 있었던 이 폭발은 질량이 태양의 20배나 되는 별의 폭발이었다고 한다.

세상의 원소들은 어디에서 오는 걸까?

인간의 신체를 포함한 모든 생명들은 수많은 원소들의 집합체이다. 이런 인간과 생명들을 구성하는 원소는 갑자기 생겨난 것이 아니라 우주의 원소들에 뿌리를 두고 있다. 그런데 우주에 있는 원소들은 과연 어떻게 생겨난 걸까?

인간에게도 일생이 있듯이 별에도 탄생부터 죽음까지의 일생이 있는 법. 대다수 항성은 주성분인 수소와 헬륨이 별 내부에서 핵융합반응을 일으켜 빛을 낸다. 이런 핵융합반응

을 계속하다 보면 수소가 다 소진되면서 중력이 약해지고, 별은 점점 커지게 된다. 이런 상태를 '적색거성'이라 하고, 이때가 되면 별의 내부에서는 탄소와 산소, 나아가 규소와 철 등 많은 원소가 만들어진다.

시간이 더 흐르면서 작은 별들은 점점 수축되고 작아지면서 죽음을 맞이하게 되는데, 이 과정에서 가지고 있던 원소들을 우주공간에 방출하게 된다. 또한 커다란 별들은 더욱

커지다가 초신성 폭발을 일으킨다. 초신성이 폭발하는 순간, 철보다 무거운 원소가 만들어지고, 동시에 이전에 만들어졌던 원소들까지 모두 우주공간에 흩뿌려지는 것이다.

이처럼 몇 번이고 반복되는 별의 일생을 통해, 우주에는 가지각색의 원소가 만들어진다. 결국 별의 죽음은 다른 생명을 탄생시키는 근원인 셈이다.

혜성과 유성의 정체는?

혜성은 평소엔 좀처럼 보이지 않다가 어느 날 갑자기 하늘에 모습을 드러낸다. 한 번 나타나면 며칠에서 길게는 몇 개월까지 모습을 보이고 사라지기 때문에, 마치 여행자처럼 보이지만 혜성은 엄연한 태양계 천체의 일원이다.

긴 꼬리를 달고 나타난다고 해서 '꼬리별' 또는 '빗자루별'이라고도 불리는 혜성은 크게 머리 부분과 꼬리로 나뉜다. 머리 부분에는 밝게 빛나는 '코마'라고 불리는 부분이 있고, 그 중심에는 지름이 수 킬로미터에서 수십 킬로미터 정도의 '핵'이라 불리는 먼지 섞인 얼음 덩어리가 있다.

꼬리는 두 개를 달고 있는데, 태양과 반대쪽으로 쭉 뻗은

이온꼬리와 폭이 넓고 구부러진 먼지꼬리다.

우리는 보통 이온꼬리가 제트기의 제트분사처럼 진행 방향과 반대로 뻗어 있다고 생각한다. 만약 그렇게 이온꼬리의 반대쪽으로만 진행해간다면 모든 혜성은 태양으로 돌진하게 되고, 다시는 돌아오지 못할 것이다. 그러나 다행히, 실제 혜성의 진행 방향을 보면 부드러운 곡선을 유지하며 공전하고 있다. 단지 이온꼬리는 코마 속의 가스가 태양풍을 받아 태양과 반대쪽으로 쭉 늘어난 것뿐이다. 그리고 먼지꼬리는 코마 속의 먼지가 흩어지면서 태양빛을 받아 빛나게 되는 것이다.

한편, 한순간에 흘러가버리는 유성의 정체는 우주공간을 떠다니는 먼지다. 크기는 0.1~1센티미터, 무게는 0.1~1그램밖에 안 된다. 이 먼지들이 지구의 인력에 사로잡혀 떨어질 때 대기와의 마찰 때문에 불타서 빛을 내는 것이다.

일반적으로 유성을 언제 볼 수 있는지 예측하기는 힘들다. 그러나 유성우는 1년 중 특정한 시기가 되면 관측할 수 있다. 유성이 한 시간에 수십 개씩 하늘에서 떨어지는 것을 유성우라고 하는데, 이런 유성우는 혜성의 궤도에 지구가 깊숙이 들어갈 때 자주 볼 수 있다. 이때 혜성이 자신의 궤도상에 먼지를 흩뿌리기 때문에 지구에 유성이 많이 흘러내리는 것이다.

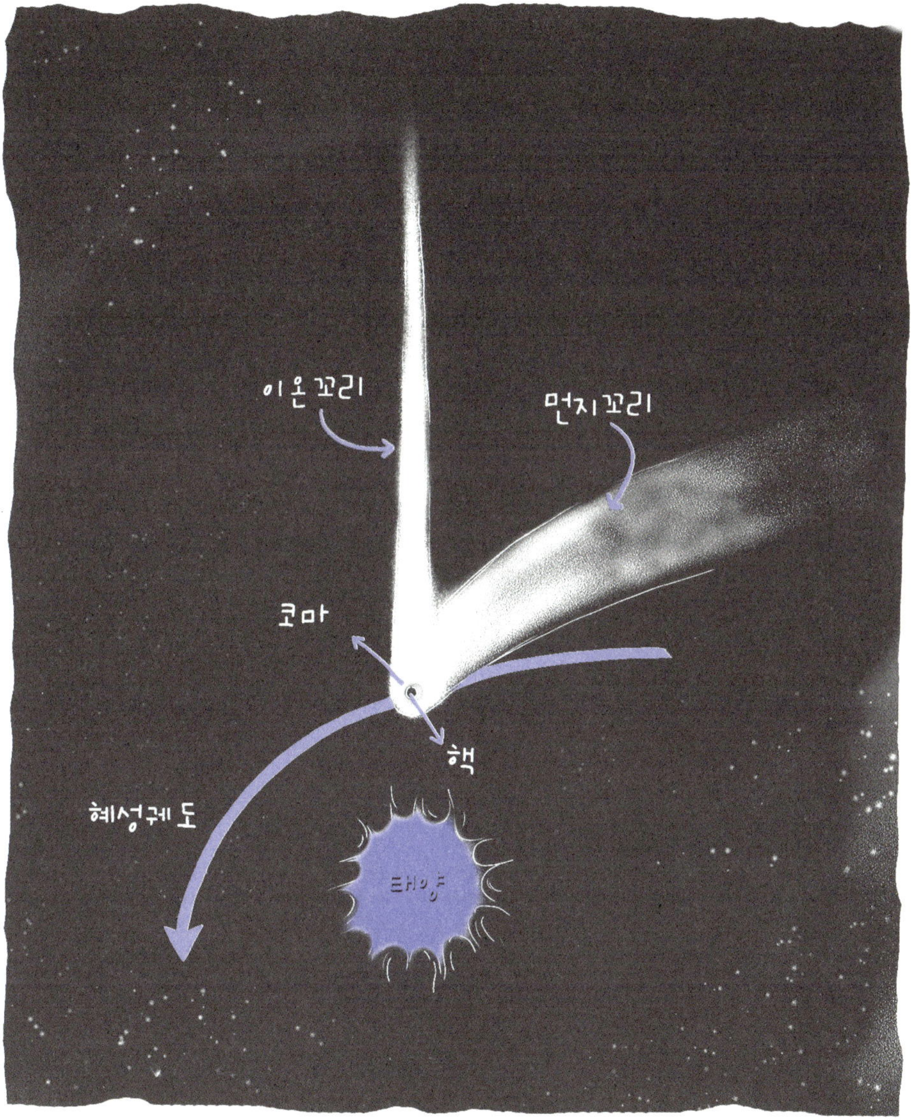

이온꼬리
먼지꼬리
코마
핵
혜성궤도
태양

자전보다 공전이 항상 느리다?

지구가 태양을 중심으로 계속해서 돌듯이, 태양계의 모든 행성들도 태양을 중심으로 계속해서 돈다. 우리는 이를 '공전한다'고 말하며, 이때 공전한 기간을 '공전주기'라고 한다.

먼저 태양에서 가장 가까운 수성은 1회 공전하는 데에 걸리는 시간이 약 88일이다. 다음으로 가까운 금성은 약 225일, 지구는 365일 걸린다. 지구보다 먼 목성은 12년을, 가장 멀리 있는 해왕성의 경우 165년을 공전주기로 돌고 있다. 한마디로 행성의 공전주기는 태양에서 먼 행성일수록 길어지고, 반대로 태양에 가까운 행성일수록 공전주기가 짧아지는 것이다.

행성은 공전뿐만 아니라 자전도 한다. 자전이란 팽이가 돌듯이 행성이 스스로 한 바퀴 돌아 제자리에 오는 것을 말하며, 이때 걸리는 시간이 그 행성의 '자전주기'가 된다. 지구는 1일(정확히는 23시간 56분 4초)을 자전주기로 하며, 수성은 59일, 목성은 0.41일, 해왕성은 0.58일을 주기로 자전한다.

이제 공전주기와 자전주기의 일반적인 관계를 살펴보자. 태양계의 대부분의 행성은 공전에 비해 자전이 매우 짧다. 상식적으로도 행성이 스스로 한 바퀴 도는 것보다 태양을 가운데 두고 한 바퀴 도는 게 훨씬 시간이 많이 걸려 보인다. 그런데

금성이란 놈은 좀 특이하다. 금성의 공전주기는 아시다시피 225일. 물론 태양과의 거리가 가깝기 때문에 지구가 태양을 한 바퀴 도는 365일보다 더 빨리 돌고 있는 것이다. 하지만 스스로 한 바퀴 자전하는 데는 무려 243일이 걸린다. 지구에 비하면 무려 243배의 시간이 걸릴 뿐 아니라, 자신이 태양을 한 바퀴 도는 것보다 18일이 더 지나야 스스로 한 바퀴를 도는 것이다. 어지럼증이라도 걸릴까 봐 두려운 걸까? 스스로 한 바퀴 도는 데 유난히도 게으른 놈이다. 위에서 설명한 공전주기와 자전주기에서도 알 수 있듯이 금성을 제외한 나머지 7개의 행성은 모두 공전주기가 자전주기보다 길다.

만약 토성을 수조에 담근다면?

밀도란 물질이 얼마나 빽빽하게 구성되어 있는가를 나타내는 것으로 물질의 질량을 부피로 나눈 값이다. 물질이 좀 더 촘촘하다는 이야기는, 같은 부피에 대해 질량이 더 크다는 것을 의미한다. 그러므로 여러 물질이 섞여 있을 때, 밀도가 큰 물질일수록 아래쪽으로 가라앉게 된다.

행성 또한 밀도로 나타낼 수 있다. 수성의 밀도는 $5.3g/cm^3$, 금성은 $5.204g/cm^3$, 화성은 $3.94g/cm^3$, 목성은 $1.326g/cm^3$, 토성은 $0.69g/cm^3$, 천왕성은 $1.318g/cm^3$, 해왕성은 1.638

g/cm³, 그리고 우리가 사는 지구는 5.515g/cm³이다.

그런데 이런 밀도의 기준이 되는 '1'은 물의 밀도다. 즉, 물의 부피 1세제곱센티미터당 1그램의 중량이 밀도 1이다. 결국 밀도가 1보다 큰 물질은 물속으로 가라앉고, 밀도가 1보다 작은 물질은 물에 뜬다는 것이다.

이런 이치가 적용되면 정말 재미있는 일이 벌어진다. 태양계 행성의 대부분은 그 밀도가 1을 넘어선다. 즉, 물보다 무거우므로 당연히 물에 가라앉는다. 그런데 유독 토성만 밀도가 0.69밖에 되지 않아 물보다 작다. 따라서 아무리 덩치가 목성 다음으로 크고, 지구의 95배나 되는 질량을 가졌어도, 가스 행성이다 보니 밀도가 낮아 토성이 쏙 들어갈 만한 수조만 있다면 정말 두둥실 떠다닐 수 있을 것이다.

대기권이 하는 역할은?

맑은 날이면 머리 위로 파랗고 아름다운 하늘이 끝도 없이 펼쳐진다. 파란 하늘은 지구의 공기라고 볼 수 있고, 그 공기들이 모인 층을 '대기권'이라고 한다.

일반적으로 지상에서 고도 약 800~1,000킬로미터 범위

를 대기권이라고 부르는데, 과연 지구의 대기권은 어떤 역할을 하는 것일까?

대기권은 단순한 공기층 같지만 사실 굉장히 하는 일이 많다. 먼저 태양이나 외계에서 지구로 들어오는 각종 해로운 빛을 흡수하는 역할을 한다. 대기권이 없었다면 각종 자외선이나 방사선 등에 쉽게 노출되어, 지구는 생물이 살기 어려운 환경이 되었을 것이다.

또한 운석이 충돌하는 것을 막아주는 보호막 역할을 한다. 대기권 자체가 하나의 방어막이 되어 충돌하는 운석을 태워버린다. 그 방어가 강력해서 어지간한 운석은 대기권을 통과하지 못하고 타버린다.

더불어 지표가 내는 열의 일부를 흡수하여 품고 있어서 지구를 보온해주며, 대류현상으로 열을 고르게 퍼뜨려서 지구 전체적으로 온도 차이를 줄여준다. 지구의 평균 온도차가 다른 행성에 비해 적은 이유 중 하나가 바로 대기권 때문이다.

물론 대기권의 가장 중요한 역할은 모든 동식물이 호흡하는 데 필요한 산소를 가지고 있다는 점이다.

대기권이야말로 지구의 생명을 유지시키는 막중한 임무를 띠고 있다. 보이지 않아도 항상 그 소중함을 잊지 말아야 하겠다.

춘분, 추분인데도 낮이 더 길다?

기본적으로 여름에는 낮이 길고 겨울엔 밤이 길다. 그러나 봄과 가을, 특히 춘분, 추분은 어떨까. 본래 낮과 밤의 길이가 똑같은 날을 춘분, 추분이라고 부른다. 그러나 사실은 이와 다르다.

그것은 우리가 생각하는 일출이나 일몰에 대한 잘못된 고정관념이 원인이다.

보통 우리는 일출은 '태양의 정수리가 지평선에 머리를 내밀기 시작한 순간', 일몰은 '태양이 전부 지평선 아래에 숨는 순간'이라고 생각하기 때문에 처음부터 여기서 태양 1개분의 오차가 생기는 것이다. 또한 지구 대기의 영향에 의해 태양광이 굴절하기 때문에 눈으로 봤을 때는 태양이 빨리 뜨는 것처럼 보인다. 이때 태양 2개분 정도 낮이 길어져 보이는 오차가 생긴다.

이상에서 보듯이, 춘분·추분이라도 결국 태양 약 3개분 정도 낮이 길다는 이야기다. 즉, 낮밤이 완전히 똑같은 길이가 되는 것은 춘분·추분의 3~4일 정도 후가 된다.

세계에서 가장 큰 망원경은?

현재 세계에서 가장 큰 망원경은 어디에 있고, 얼마나 클까? 가장 큰 망원경이 무엇인지 알기 위해서는 굴절망원경, 반사망원경, 전파망원경으로 나누어 살펴봐야 한다.

우선 굴절망원경 중에 큰 망원경은 미국 위스콘신 주에 있는 여키스 망원경을 꼽을 수 있다. 이 망원경의 렌즈는 102센티미터이다. 만약 엄청난 크기를 상상한 사람들이 있다면 이 크기에 실망할 수도 있다. 하지만 굴절망원경을 만드는 렌즈의 설계 방식과 소재 때문에 커다란 렌즈를 만들기 어려웠다고 하니 이쯤에서 만족해야 할 것이다.

반면에 거울로 렌즈를 만드는 반사망원경에는 집채만 한 크기도 꽤 많다.

한때 최고의 크기를 자랑하던 하와이에 있는 일본 소유의 스바루 망원경은 반사경(거울)의 지름이 무려 8.3미터에 달한다. 한마디로 2층 건물 크기만 하다.

또한 반사경 36개를 이어 붙여 만든 것으로 유명한 켁 망원경도 빼놓을 수 없다. 하와이에 있는 이 켁 망원경은 망원

경 지름이 10미터로, 반사경을 사용하는 망원경 중에 단연 세계 최고라 할 수 있다.

렌즈가 아닌 전파를 수신하여 관측하는 전파망원경을 살펴보면, 그 크기는 훨씬 더 거대해진다. 푸에르토리코에 있는 아레시보 전파망원경은 전파를 모아주는 반사접시의 지름이 무려 305미터로, 3개의 산 사이에 둘러싸여 있다. 보통 반사접시 앞에 붙는 안테나 모양의 부경 또한 3개의 산봉우리에 연결해서 공중에 띄워놓았을 정도다. 참으로 특이한 모양의 망원경이지만 그 크기에 있어서는 망원경의 제왕이라 할 만하다.

한편 우주망원경은 지구에 있는 거대 망원경보다 크기는 작지만, 우주를 관측하는 능력은 절대 뒤떨어지지 않는다.

우주에서 우주를 관측한다?

지상에서 우주를 관측할 경우, 대기의 흔들림 때문에 목표로 하는 천체를 선명하게 포착하는 데는 많은 한계가 있다. 그렇다면 우주공간에 나아가서 관측한다면, 보다 정확하게 관측할 수 있지 않을까?

　이런 이유로 우주로 보내진 망원경이 우주망원경이다. 그 중에서도 가장 많이 알려진 허블 우주망원경은 1990년 4월 우주왕복선 디스커버리 호에 실려 지구 상공 610킬로미터 궤도에 진입하면서 우주 관측 활동을 시작했다.

　허블 우주망원경은 지름 2.5미터의 작은 반사망원경을 장착하고 있지만, 지구에 설치된 고성능 망원경들에 비해 50배 이상 미세한 부분까지 관찰할 수 있다.

　이 우주망원경은 지금까지 지구궤도를 10만 바퀴 이상 회전하면서, 우주의 나이를 알아냈을 뿐 아니라 우주 중심부의 거대한 블랙홀과 다양한 형성과정에 있는 은하들을 발견

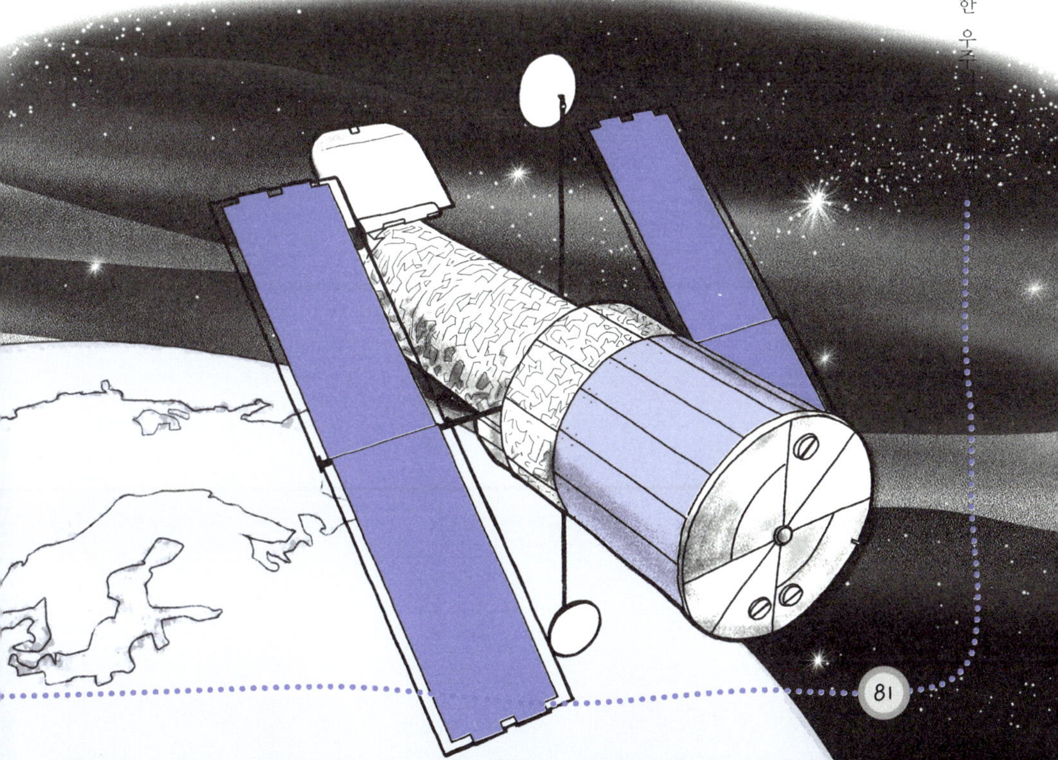

해냈다.

　허블 우주망원경 외에도 우주망원경에는 X선망원경인 찬드라 망원경과 우리나라도 제작에 참여한 적외선망원경인 스피처 망원경 등이 있다.

지구와 달, 태양의 수수께끼

윤년은 왜 존재하는 걸까?

현재 우리가 사용하고 있는 달력은 '그레고리력'이다. 이는 로마 공화정 말기의 율리우스 시저가 만든 '율리우스력'을 바탕으로, 서기 1582년 로마 교황 그레고리우스 13세에 의해 현재의 그레고리력으로 대체된 것이다. 그레고리력은 오랫동안 많은 나라에서 사용해왔고, 태양의 움직임을 기준으로 한 태양력이다.

그러나 지구가 태양의 주위를 일주할 때 걸리는 일수는 실은 딱 365일이 아니다. 정확히는 약 365.24219일로 1년에 약 4분의 1일씩이 더 걸린다. 하지만 그것이 만약 몇 년씩 계속된다면 당연히 계절과 달력이 서로 어긋나버리는 엉뚱한 이변이 생긴다. 그것을 해결하기 위해 사람들은 지혜롭게 '윤년'이라는 것을 만들었다.

그레고리력에서는 그러한 윤년의 규칙을 다음과 같이 정하고 있다.

첫째, 4년에 한 번은 윤년으로 한다(4로 나누어서 딱 떨어지는 해).

둘째, 100년에 한 번은 윤년으로 하지 않는다(100으로 나누어서 딱 떨어지는 해).

셋째, 둘째 규칙의 예외로써 400년에 한 번은 윤년으로 한다(400으로 나누어서 딱 떨어지는 해).

예를 들면 2000년은 400으로 나누어 딱 떨어지기 때문에 윤년이다. 또한 2100년은 100으로 나누어야 딱 떨어지기 때문에 윤년이 아니다.

이러한 조정 덕분에 그레고리력은 수천 년에 하루 정도의 어긋남밖에 생기지 않는, 상당히 정밀한 달력이 되었다.

지구의 사계절은 어떻게 생기는 걸까?

봄, 여름, 가을, 겨울, 계절마다 옷을 갈아입는 지구. 어쩌면 이런 사계절이 있기에 지구에는 수많은 종류의 생물들과 다양한 생활문화를 가진 인간들이 존재하는 것인지도 모른다. 이렇듯 지구에 사계절이 생기는 이유는 지구가 기울어진 채로 태양을 공전하고 있기 때문이다.

모두 알다시피 지구의 자전축은 23.5도로 기울어져 있다.

그림에서처럼, 지구가 기울어진 상태로 태양의 주위를 돌다 보면, (가)지역이 태양빛을 받는 양과 기울기가 다르게 된다. 지구가 태양의 왼편에 있을 때, (가)지역은 태양빛을 더 많이 쬐게 되고, 태양빛 또한 좀 더 직각에 가깝게 내리

쬐게 된다. 바로 이때가 (가)지역이 여름이 되는 시기이다. 반대로 지구가 태양의 오른편으로 이동하면 (가)지역은 태양 빛을 더 조금 쬐게 되고, 태양빛 또한 좀 더 비스듬하게 내리쬐게 된다. 이때는 지면에 닿는 태양빛이 더 넓은 지역으로 분산되기까지 해서 태양의 열이 큰 힘을 발휘하지 못한다. 이 시기의 (가)지역은 겨울이 된다.

이로 인해 기온차가 생기고 사계절이 생겨나는 것이다.

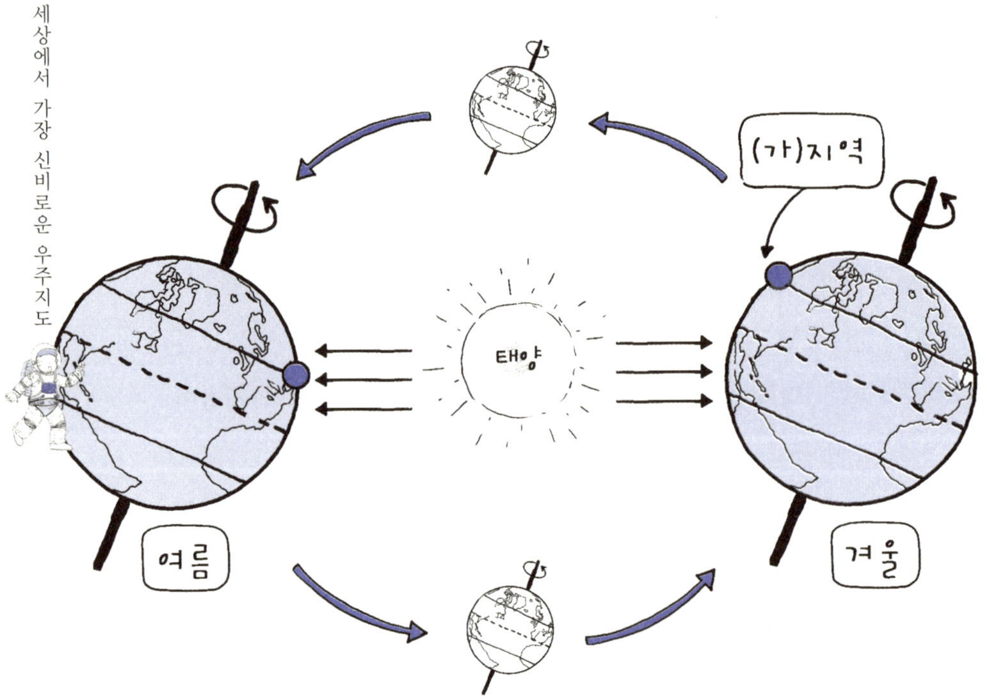

지구 외에도 사계절이 있는 별이 존재할까?

태양계에는 지구뿐만 아니라 여러 개의 행성이 있다. 지구가 태양의 주위를 도는 동안 이들도 나름대로의 궤도와 공전주기를 가지고 태양을 돌고 있다. 이는 다시 말해 지구가 태양의 빛을 받고 있듯이 그들도 태양의 빛을 받고 있다는 것을 의미한다. 그렇다면 자연히 23.5도 기울어진 지구가 태양빛을 받아 사계절이 생기듯, 이들 중에도 사계절을 가진 행성이 있지 않을까 하는 의문이 생길 것이다.

그 답을 찾기 위해 앞에서 말한 지구의 자전축을 떠올려 볼 수 있다. 기울어진 지구의 자전축에 의해 지구에 계절이 생기는 것을 확인했기 때문이다.

기울어진 자전축을 가진 행성. 그것은 바로 지구의 이웃 행성인 화성이다. 화성은 자전축이 약 25도 기울어져 있기 때문에 지구와 마찬가지로 사계절이 있다. 그러나 태양에서 지구보다 더 멀리 떨어져 있기 때문에 태양빛을 훨씬 적게 받는다.

때문에 한여름의 낮은 지구의 평균기온과 거의 비슷한 약 20도 정도가 되지만, 사계절을 모두 포함한 평균 표면온도는 영하 약 30도이다. 게다가 화성은 대기가 지구의 100분의 1도 안 되기 때문에 태양에서 온 열을 비축할 수가 없다.

결국 사계절이 있긴 하지만 상당히 기온차가 심한 사계절을 가진 행성이라고 말할 수 있다.

지구의 하루, 실은 23시간 56분?

항성들은 아주 멀리 있어 거의 움직이지 않는 것으로 간주한다. 이런 이유로 멀리 있는 항성을 기준으로 천체를 측정하는 것을 좀 더 정확한 측정이라고 본다. 그런데 지구의 하루를 항성을 기준으로 측정해보면 다소 어리둥절한 결과를 얻게 된다.

지구의 하루를 태양을 기준으로 측정하게 되면 당연히 24시간이 나오는데, 멀리 있는 항성을 기준으로 하면 23시간 56분 4초가 나오기 때문이다.

항성을 이용한 측정법이 좀 더 정확한 것이라면, 지구의 하루는 지금보다 매일 약 4분씩 빨라져야 한다. 그러면 오늘 아침 7시가 180일 후에는 저녁 7시가 되어버리는 황당한 일이 벌어진다. 하지만 지금껏 그런 이변이 일어난 적은 단 한 번도 없었다.

도대체 이런 상황을 어떻게 이해해야 하는 걸까?

항성을 기준으로 측정한다는 의미는 어느 특정 항성을 측정한 후, 지구가 자전해서 다음 날 그 항성이 같은 자리에 돌아오는 시간을 계산한 것이다. 문제는 지구가 자전과 동시에 공전을 한다는 것이다. 지구가 공전한다는 것은 조금씩 자리를 옮긴다는 것을 의미하며, 이때 하루에 약 1도 정도 이동하게 된다. 그래서 지구가 1도 옮겨진 만큼, 어제 본 항성이 제 위치로 오는 것을 좀 더 빨리 발견하게 된다.

계산을 해보면 24시간×60분은 1,440분이다. 1,440분 중에 1도의 시간만큼 더 빨리 보게 되므로, 1,440분÷360

은 4분이 된다. 즉, 어제에 비해 4분 더 빨리 어제 본 위치에서 항성을 찾을 수 있는 것이다.

결국 항성을 기준으로 측정한 지구의 하루가 4분 더 짧은 것이 아니라, 공전하면서 생기는 오차로 인해 짧아진 것처럼 보이는 것뿐이다. 그렇기 때문에 아무리 시간이 흘러도 '항성을 기준으로 한 하루'가 뒤집히는 일은 생길 수 없는 것이다.

또한 우리가 보통 지구의 자전주기를 1일 또는 24시간으로 말하고는 있지만, 항성으로 측정한 23시간 56분이야말로 지구의 정확한 자전주기라고 해야 할 것이다.

인류 멸망의 날짜는 정해져 있다?

태양의 10배가 넘는 질량을 가진 항성은 죽음을 맞이할 때, 서서히 팽창하다가 최후에는 상상을 초월하는 대폭발을 일으킨다. 그러나 태양은 폭발할 수 있을 만큼의 질량을 가지고 있는 항성이 아니기 때문에, 점점 팽창을 계속하다가 자신이 가진 수소와 헬륨을 다 소진하고 나면 '백색왜성'이라는 작은 천체로 변할 것이다.

사건은 태양이 백색왜성이 되기도 전에 일어날 것으로 보인다. 지금처럼 태양은 먼저 내부의 수소를 태우며 팽창하게 되는데, 이 수소가 다 탈 때쯤이면 태양은 지금의 100배 정도까지 부풀어 있을 것이기 때문이다. 그렇게 되면, 태양이 내는 엄청난 열을 온몸으로 받아내야 하는 지구가 온전할 리 없다. 지구에 사는 모든 생명들이 재로 변해버릴 것이기 때문이다.

이야기가 이렇게 되면 인류의 미래에 대해 불안해하는 사람이 많을지도 모르겠다. 그러나 미리 겁먹을 필요는 없다.

왜냐하면 태양이 그렇게 되는 것은 약 50억 년이나 후이기 때문이다.

생명 탄생의 비밀은 어디까지 밝혀졌나?

인간의 신체와 같은 생명의 바탕이 되는 물질은 모두 우주에 있는 물질이다. 그런데 그 물질들이 어떻게 생명으로 변한 것일까? 이것은 여전히 풀리지 않는 수수께끼다.

생명을 구성하고 운동을 담당하는 기본적인 요소는 단백질이며, 단백질을 구성하는 것이 아미노산이다. 이 아미노산이 혜성이나 운석을 통해 지구에 들어왔다는 설도 있다. 실제로도 1969년 오스트레일리아에 떨어진 운석에서 아미노산이 발견되었다.

그러나 주목해야 할 점은 아미노산이 어떤 과정을 거쳐 단백질을 형성하는가이다. 최근 DNA의 염기배열을 분석하는 연구가 진행 중이다. 이것은 소위 집을 만드는 데 필요한 벽돌을 만드는 원리를 밝히려는 것과 같다. 하지만 그것들이 어떤 식으로 짜 맞추어져서 집이라는 형태를 만드는지 등의 수수께끼가 풀릴 날은 아직도 멀다.

또한 생명이 언제 생겨났는지도 아직 분명하지 않다. 약 38억 년 전에 바다에서 생겨났다는 설이 있으나, 연구가 진척되면 좀 더 이전으로 거슬러 올라갈지도 모른다. 생명의 비밀이 잔뜩 숨어 있는 우리들의 신체는 진정 '마이크로코스모스(소우주)'로 부르기에 적합한 존재라고 할 수 있다.

만일 다른 천체가 지구에 충돌한다면?

약 6,500만 년 전, 공룡이 멸종한 원인에 대해서는 여러 가지 설이 있지만 그중 지구에 소행성이 충돌했기 때문이라는 설이 가장 유력하다. 그 충돌의 흔적으로 여겨지는 것이 멕시코 유카탄 반도에 있는 지름 약 180킬로미터의 거대한 운석 구덩이다.

이는 지름 10킬로미터의 소행성이 충돌한 것으로, 충돌했을 때 땅울림과 함께 대지가 흔들리고 토사나 먼지가 오랫동안 태양광을 가로막아 많은 식물과 동물들이 죽었을 것이라고 한다. 그럼, 현재 지구에 충돌할 가능성이 있는 소행성도 있을까?

한때 지구와의 충돌 가능성이 높아서 화제가 된 소행성이

있다. 바로 아포피스라는 소행성이 그 주인공이다.

2004년에 처음 발견된 아포피스는 2029년이 되면 지구에 약 3만 6,350킬로미터 거리까지 가까워질 것으로 예측된다. 달과 지구의 거리가 약 38만 킬로미터인 것을 감안한다면, 이것은 상당히 가까운 거리다.

아포피스는 지름이 약 320미터인 소행성으로, 만약 이 소행성이 지구에 충돌할 경우 2차 대전 시 히로시마에 떨어졌던 원자폭탄의 10만 배 가까운 폭발을 일으키며, 그 폭발력으로 지각변동, 대기오염, 기온 변화 같은 대재앙까지 이어진다고 한다. 그러나 다행스럽게도 아포피스와 지구가 충돌할 확률은 2.7퍼센트에서 현재는 0.0038퍼센트까지 내려가 제로에 가까워졌다.

2029년에는 눈으로 직접 볼 수 있을 정도로 아포피스가 가까워진다고 하니, 한때 지구를 위협했던 소행성을 느긋한 마음으로 관찰할 수 있을 것이다.

태양의 위력은 어느 정도일까?

지구에서 가장 가까운 항성인 태양은 8개의 행성과 그들에 딸린 위성, 그리고 혜성이나 소행성까지 엄청난 대식구를 거느리고 있는 태양계의 왕이다. 사실 태양은 스스로 빛을 내는 항성 중에 그다지 큰 항성이라고는 할 수 없다. 그렇다 해도 태양계에서는 가장 크고, 가장 영향력 있는 별임에는 틀림이 없다.

우선 태양의 지름은 약 139만 킬로미터로 지구 지름의 109배에 이르고, 부피는 지구의 130만 배, 질량은 지구의 33만 배나 된다. 또한 태양의 표면온도는 5,580도에 달하고, 중심부의 온도는 무려 약 1,500만 도를 넘어선다.

그래서 태양이 1분 동안 지구에 쏟아내는 열과 빛의 양을 따져보면 덤프트럭 4,000만 대에 가득 실은 석탄을 한 번에 태우는 것과 맞먹는다고 한다. 그럼에도 온 지구가 받는 태

양열과 빛의 양은 태양이 사방으로 내뿜는 전체 열과 빛의 22억분의 1밖에 안 된다. 그것만으로 지구 위에서 풀과 나무가 자라고, 꽃이 피는 등 모든 생명의 원동력이 되어주고 있으니, 참으로 놀라운 별이라 할 수 있다.

또한 태양이 주는 에너지는 정말 다양해서 태양열뿐 아니라 수력과 풍력까지도 모두 태양이 있어서 가능한 것이다. 물과 바람의 움직임도 모두 열의 작용이 있어야만 가능하기 때문이다.

그런데 재미있는 것은, 이렇게 대단한 태양의 평균 밀도가 지구에 비해서 약 4분의 1 정도밖에 안 된다는 점이다. 이처럼 태양의 밀도가 지구보다 작은 까닭은, 태양이 지구처럼 단단한 암석 껍질을 가진 것이 아니라, 전체가 엄청난 온도로 불타는 기체 덩어리이기 때문이다.

지구의 자기권은 엿가락처럼 늘어져 있다?

자석에 철가루를 뿌렸을 때 둥그렇게 자석 주위에 달라붙는 철가루를 본 적이 있는가? 둥그렇게 뒤덮는 철가루처럼 지구도 거대한 자석과 같아서 지구 전체를 뒤덮는 자기권이

란 영역을 가지고 있다.

그런데 지구의 자기권은 둥그렇지 않고 한쪽이 엿가락처럼 늘어진 상태라고 한다. 왜 그럴까?

그 이유는 태양풍의 기세가 격렬하기 때문이다. 태양풍이란 태양에서 방출되는 다양한 미립자들의 흐름이라고 할 수 있다. 주로 양성자와 전자로 이루어지며, 온도는 약 10만 도이고 속도는 초속 350~700킬로미터이다. 태양풍은 태양을 중심으로 46억 킬로미터의 범위, 즉 태양계의 가장 바깥쪽 행성인 해왕성을 훨씬 넘는 범위까지 닿고 있다.

그런 강력한 태양풍으로 인해 지구의 자기권은 찌그러져 버린다. 지구가 태양에 접하는 낮의 경우 자기권은 지구 반지름의 약 11배까지 압박받는다.

반대로 지구가 태양에 접해 있지 않은 밤의 경우 지구 자기권은 태양풍에 의해 늘어지게 되고, 그 거리는 지구 반지름의 1,000배 이상 된다고 한다. 이렇게 거친 태양풍이 불어대니 지구의 자기권은 항상 길쭉하게 늘어질 수밖에 없는 것이다.

태양의 흑점으로 태양풍의 강약을 예측한다?

태양이 일으키는 태양풍이 거세지면, 지구의 자기와 충돌하여 자기폭풍이 발생하게 된다.

이 자기폭풍은 통신에 장애를 줄 뿐 아니라, 강력한 전류를 발생시켜 지구에 있는 송전선이나 송유관 등에 많은 피해를 입히기도 한다.

태양풍은 지구의 바람처럼 강하게 불 때와 약하게 불 때가 있는데, 다행히 이것을 알 수 있는 방법이 있다고 한다. 바로 태양의 흑점을 관찰하는 것이다.

흑점이란 태양의 표면에 있는 검은 얼룩 같은 점을 말한다. 흑점은 태양 표면의 다른 곳보다 온도가 낮아서 검게 보인다. 이런 흑점들은 태양 활동이 활발한 때일수록 많이 볼 수 있고, 이 활동의 강약은 11년 주기로 변화한다.

특히 주목해야 하는 것은 태양에서 일어나는 플레어 현상이다. 일종의 폭발 현상으로 흑점이 많이 보일 때, 흑점 가까이에서 플레어가 자주 일어나게 된다. 플레어가 발생하면 태양에서 나오는 태양풍도 강해지므로 태양풍이 강하게 부는 것을 흑점만 보고 알 수 있는 셈이다.

아름다운 오로라가 태양풍의 작품일까?

아마 많은 사람들이 사진을 통해, 하늘이 붉은 커튼이나 녹색 커튼 모양의 빛으로 물든 것을 보았을 것이다. 이 신비하고 아름다운 현상을 '오로라'라고 부르는데, 주로 북극 지방에서 볼 수 있다. 재미있는 점은 이 오로라가 태양풍의 작품이라는 것이다.

지구 밖에는 늘 태양풍이 불지만, 지구를 둘러싸고 있는 자기권으로 인해 태양풍의 대부분이 자기권 밖으로 흩어진다. 그런데 지구의 자기권은 극지방으로 갈수록 구부러져 있어서, 이 지역으로 갈수록 자기층이 엷게 형성되어 있다. 바

　로 이 엷은 자기층을 타고 태양풍이 스며들게 된다. 이때 태양풍 입자들과 대기 속의 공기 분자가 충돌하면서 오로라가 생기게 되는 것이다.

　오로라가 가장 잘 나타나는 곳은 보통 북위 60~80도 부근이다. 이 부근을 '오로라대'라고 하며, 시베리아 북부 연안, 알래스카 중부, 캐나다 중북부, 허드슨 만, 래브라도 반도 등이 이에 속한다. 이 지역에서는 날씨가 흐리지 않으면 오로라가 매일 밤 나타난다.

　오로라의 가장 보편적인 색은 녹색 혹은 황록색인데, 때로는 적색, 황색, 청색과 보라색이 나타나기도 한다.

조그만 달이 태양을 가릴 수 있다?

지구는 태양의 주위를 공전하고 있다. 그리고 달은 지구의 주위를 공전하고 있다. 그런데 아주 가끔 태양, 달, 지구가 일직선상에 나란히 위치하여 달의 그림자가 지구를 가릴 때가 있다. 이때 그 그림자 속에 있는 사람은 태양이 달에 가려지는 현상을 보게 되는데, 이것이 '일식'이다.

태양이 달에 의해 완전히 가려지고 지구에 달그림자가 어둡게 생기면 '개기일식'이라고 한다. 이때는 신기하게 낮이라도 한밤중처럼 어두워진다. 달그림자 중 가장 어두운 그림자 부분에 보는 사람이 있어야만 관측할 수 있다.

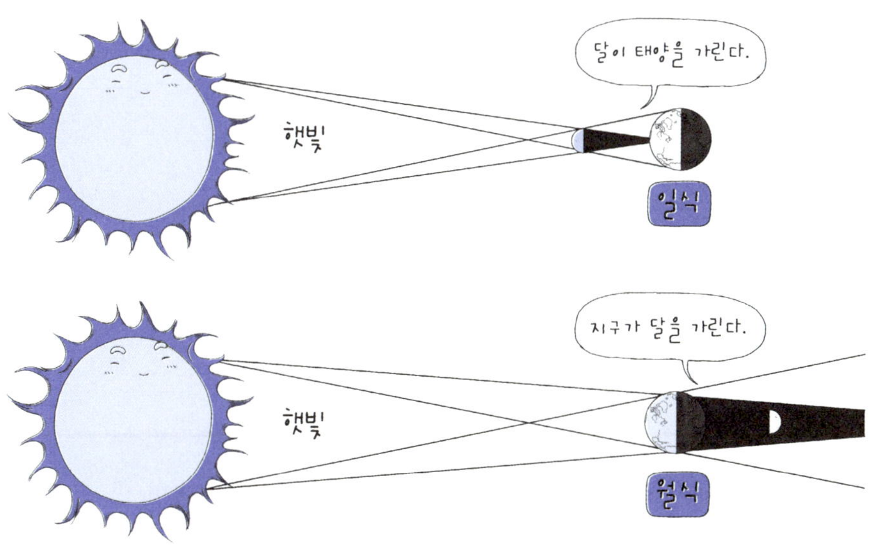

태양이 달에 완전히 숨어버리면 '개기일식'이라고 하고, 달이 태양을 완전하게 가리지 못해 태양의 일부분만 안 보일 때는 '부분일식'이라고 한다.

또한 일식현상에는 둥근 반지 모양의 '금환일식'이라는 것도 있다. 보통 달이 지구에서 멀어지면 지구상에 보이는 달의 크기가 태양보다 작게 보이게 되는데, 이때 일식이 일어나면 금환일식이 되는 것이다. 달이 태양을 완전하게 가리지 못하면서 태양이 달 주위에 둥근 반지 형태로 보이기 때문이다.

반면 태양 다음으로 지구, 달이 순서대로 나란히 서게 되는 경우도 있는데, 이때는 지구의 그림자 속으로 달이 숨어버린다. 결국 지구에서는 달이 보이지 않는 현상이 일어나는데, 이것이 '월식'이다. 이때도 완전히 숨으면 '개기월식', 부분적이면 '부분월식'이 되는 것이다.

태양, 지구, 달이 나란히 설 확률은?

달은 한 달에 한 번 지구의 주위를 공전한다. 그렇다면 태양, 지구, 달이 일직선으로 나란히 서는 것도 한 달에 한 번이 되어야 하고, 일식이나 월식도 자주 나타나야 한다. 하지만 일식과 월식이 매달 일어난다는 소리를 들어본 사람은 없을 것이다. 왜 그런 것일까?

그 이유는 달의 공전면과 지구의 공전면이 5도 정도 차이가 나게 기울어져 있기 때문이다. 이 기울기로 인해 태양, 지구, 달이 나란히 일직선상에 있게 되는 경우는 매우 드물어진다.

또한 우리는 일식보다 월식을 자주 볼 수 있는데, 그 이유는 태양과 지구, 달의 크기 때문이다.

　일식은 1년 중 최소 2회에서 5회 정도 생기지만, 작은 달이 큰 태양을 가리는 것을 볼 수 있는 지역은 한정되어 있기 때문에, 다른 지역에서는 쉽게 볼 수 없게 된다.

　반면 월식은 1년 중 최소 2회에서 3회 정도로 일식보다 더 적게 생기지만, 큰 지구가 작은 달을 가리는 것은 모든 지역에서 볼 수 있다. 그래서 일식보다는 월식이 더 자주 일어나는 것처럼 보이는 것이다.

달에도 바다가 있다?

　달에도 바다라고 부르는 곳이 있다. 그것도 지구의 바다만큼이나 넓다고 한다. 달에는 물도 없는데 어떻게 바다가 있는 걸까?

　달의 바다는 지구의 바다와는 다르다. 왜냐하면 이름은 바다지만 물이 없는 바다이기 때문이다. 17세기 이탈리아의 천문학자 리치올리가 달을 관찰하다가 달의 어두운 부분이 물로 가득 차 있을 거라고 생각하여 바다라고 부르기 시작했는데, 달에 물이 없다는 것이 밝혀진 오늘날에도 그때 붙여진 이름으로 계속 부르고 있다.

　달의 바다는 바닥에 어두운 색의 돌들이 깔려 있기 때문에 지구에서 보면 마치 물이 있는 바다처럼 보인다. 그렇다면 달의 바다는 어떻게 생겨난 것일까?

　달의 바다는 화산활동으로 인해 생겼다. 화산에서 나온 용암은 높은 곳에서 낮은 곳으로 흐르는데 달의 바다는 이때 흐르던 용암이 평평한 곳에 고여 만들어졌다.

　그래서 달의 바다는 화산암 중의 하나인 구멍이 뚫린 가벼운 현무암으로 이루어져 있다. 달의 바다에는 특별히 울퉁불퉁한 곳이 없어서 우주선이 착륙하기 좋기 때문에 아폴로 11호가 '고요한 바다'에 착륙한 바 있다.

엄청난 충돌이 달을 만들었다?

옛날부터 인간은 달을 보면서 우주에 대한 상상의 나래를 펼쳤다. 오늘날의 SF 소설에서조차 달은 매우 친근한 소재로 등장한다. 이토록 지구인과 인연이 깊은 달은 과연 어떻게 만들어진 걸까?

달이 어떻게 생겨났는가에 대해서는 다양한 가설이 있다. 우선 어떤 천체가 지구의 인력에 잡혀서 달이 되었다는 '포

획설’이 있다. 그리고 달의 암석이 지구 내부의 맨틀 물질과 유사하다는 이유에서, 지구가 아직 굳지 않았을 때 지금의 태평양 부근이 떨어져 나가 달이 되었다는 ‘분리설’도 있다. 또한 현재 달과 지구 주변에서 돌고 있던 많은 미행성(태양계가 생기면서 만들어진 작은 천체)들이 뭉쳐지면서 비슷한 시기에 지구와 달이 생성되었다는 ‘동시 탄생설’도 있다.

하지만 현재 가장 유력한 것은 원시행성이 지구에 충돌하면서 달이 생기게 되었다는 ‘자이언트 임팩트설’이다. 그렇다면 어떻게 충돌로 달이 생길 수 있는 것일까?

이 설에 의하면 먼 옛날 화성 정도 크기의 원시행성이 지구에 충돌을 했었다고 한다. 이때 사방으로 날아가 흩어진 원시행성의 물질들과 지구의 물질들 대부분은 그대로 지구로 떨어졌다. 그러나 일정 범위보다 더 외부로 흩어진 물질들은 튕겨져 나가면서 지구 주위를 회전했고, 서로가 충돌과 합체를 계속 반복하게 된다.

이렇게 충돌과 합체를 계속하는 동안 이들 물질들은 하나의 구심점을 가지고 뭉쳐지면서 달의 형상을 갖추게 되었다고 한다. 이런 상황이 한 달여 동안 계속되었을 때는 이미 달의 90퍼센트가 완성되어갔고, 1년 이상의 시간이 지나자 지구에서 약 2만 킬로미터 떨어진 곳에 현재의 달이 완성되었다는 것이 자이언트 임팩트설의 내용이다.

이 가설의 중요한 증거는 지구의 내부가 철·니켈 합금, 규산염 등의 물질로 구성되어 있다는 점이다. 달의 내부 또한 놀랍게도 완전히 같은 성분으로 이루어져 있다. 또한, 컴퓨터 시뮬레이션으로 그 가능성이 입증되면서 현재 학계에서 더욱 주목을 받고 있다. 그러나 유감스럽게도 이 자이언트 임팩트설 또한 여전히 가설로 남아 있다. 아직은 설명할 수 없는 관측 사실들이 존재하기 때문이다.

달의 속은 어떻게 생겼을까?

옛날부터 사람들은 하늘에 떠 있는 달의 속이 어떻게 생겼을지 궁금해했다. 달 내부에 궁전이 있다고 상상한 사람들이 있는가 하면, 토끼가 떡방아를 찧는다고 상상하는 사람들도 있었다.

지구의 내부가 어떻게 이루어져 있는지 알아보기 위해 지진에 의해 발생하는 진동의 움직임인 지진파를 조사한 적이 있다. 아폴로 11호는 이 방법을 이용하여 달에도 지진계를 설치해 속의 구성 성분을 알아내는 데 성공했다. 그렇다면 달의 내부는 어떻게 생겼을까?

달은 크게 표면, 맨틀, 핵의 세 부분으로 나뉘어져 있다. 달의 표면은 두께가 평균 70킬로미터 정도인데, 높은 곳은 100킬로미터이고, 낮은 곳은 60킬로미터 정도다. 그리고 핵은 반지름이 300~425킬로미터 정도고, 나머지는 모두 맨틀이다. 핵의 반지름 길이가 300~425킬로미터면 굉장히 큰 것 같지만 실제로는 달 전체 무게의 2퍼센트 정도밖에 안 된다.

참고로 달은 온도 변화가 심해서 표면온도가 최고일 때는

123도나 올라가고 최저일 때는 영하 233도까지 내려간다. 그야말로 달은 우주복을 입지 않고는 잠시도 있을 수 없는 극한 환경이다.

같은 초승달이라도 볼 때마다 크기가 다르다?

어느 날 유난히 밝게 느껴지는 보름달을 보고 어쩐지 전에 봤던 보름달보다 크다고 생각한 적이 있을 것이다. 달은 언제나 일정하게 하늘에 떠 있는데, 어째서 똑같은 보름달이나 초승달을 다른 크기라고 느끼는 걸까?

그것은 달의 공전궤도가 원형이 아니기 때문이다. 달은 지구를 공전할 때 타원형 궤도를 그리며 공전하기 때문에, 지구와의 거리가 조금씩 변할 수밖에 없다. 즉, 달이 공전하는 동안 지구와의 거리가 가장 멀 때는 약 40만 킬로미터, 가까울 때가 약 35만 킬로미터가 되는 것이다. 결국 5만 킬로미터나 차이가 나기 때문에, 지구에서 보이는 달의 크기가 10퍼센트 이상 변화하고 있는 셈이다. 10퍼센트라면 눈으로 봤을 때 약간이나마 크거나 작게 보일 수 있는 정도이기 때문에, 단순히 날씨나 기분 탓으로 돌릴 수 없는 것이다. 어

느 날 문득 달이 무척 커 보인다면, 그만큼 달이 우리에게
더 가까이 와 있다고 생각하면 틀림이 없을 것이다.

아무리 보고 싶어도 달의 뒷면은 볼 수 없다?

우리가 보고 있는 달은 항상 똑같은 앞면이다. 왜냐하면
지구에서는 달의 뒷면을 보는 것이 불가능하기 때문이다. 왜
그럴까?

달과 지구는 인력에 의해 서로 끌어당기고 있다. 그림처럼

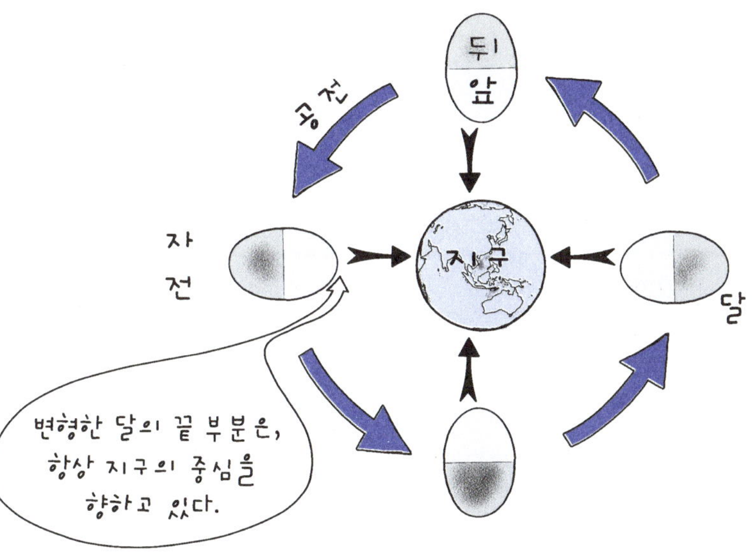

달은 지구의 커다란 인력에 의해 살짝 가늘고 길어져 있다. 지구의 인력이 그 길어진 부분을 지구의 중심을 향해 계속 잡아당기고 있기 때문에, 달은 지구를 한 바퀴 돌았을 때 저절로 스스로도 한 바퀴를 돈 결과가 된다. 그래서 달은 자전과 공전주기가 똑같을 수밖에 없다. 달이 자전하는 기간과 지구 주위를 공전하는 기간이 27.3일로 완전히 똑같기 때문에 지구에서는 항상 달의 얼굴만 볼 수밖에 없다.

달의 뒷면은 온통 상처투성이다?

우리가 지구에서 보는 달은 앞서 말한 대로 항상 앞모습뿐이다.

그럼 달의 뒷모습은 어떻게 생겼을까? 실제로 달의 뒷면을 우주에서 허블망원경으로 자세히 관찰해보면, 앞면에 비해 뒷면은 온통 분화구 천지라 매우 거칠어 보인다. 왜 뒷면만 거칠어진 걸까?

달에 있는 분화구는 화산 폭발에 의해 생긴 것이 아니라, 운석이 부딪쳐서 생긴 것이다. 운석이 달의 표면에 부딪칠 때, 달의 앞면은 지구 덕분에 안전하게 보호를 받게 된다. 지구가 달보다 크기 때문에 물체를 잡아당기는 인력도 훨씬 커서 달을 향해 날아가는 운석들이 지구 쪽으로 끌려가 버리기 때문이다.

그러나 반대쪽은 사정이 다르다. 달의 뒷면은 지구의 보호를 받지 못하기 때문에 앞면에 비해 거칠고 운석의 충돌에 의한 분화구가 훨씬 많다. 알고 보면 달의 뒷면은 온통 상처투성이인 셈이다.

달이 나를 쫓아오는 이유는?

어린 시절, 전철이나 자동차를 타고 달을 바라보며 누구나 한번쯤 이런 생각을 한 적이 있을 것이다. '달이 나를 계속 쫓아오고 있다!'

먼저 방 안에서 벽에 걸린 달력의 위치를 확인해보자. 그리고 창문 너머의 풍경도 확인해보자. 그리고 나서 옆으로 세 걸음 정도 이동하면 달력의 위치는 방금 전 향해 있던 방향과는 상당히 다른 곳에 와 있을 것이다. 그러나 창밖의 풍경으로 눈을 돌리면 방금 전의 방향과는 거의 바뀌어 있지 않다. 말하자면 멀리 있는 것일수록 이동 전과 이동 후의 시

각의 차이(시차)가 적어진다.

　달과 지구도 마찬가지다. 달과 지구 사이는 약 38만 킬로미터나 떨어져 있기 때문에 살짝 이동한 정도로는 시각의 차이가 생기지 않는다. 그렇기 때문에 달을 올려다보면 항상 그 자리인 것이다. 그래서 우리 눈에는 달이 계속 따라오고 있는 것처럼 보인다.

태양계와 은하계의 수수께끼

태양계 행성의 대기는
무엇으로 이루어져 있을까?

태양계 행성은 그 주성분에 따라 '암석 행성' '거대 가스 행성' '거대 얼음 행성'으로 나눌 수 있다. 이렇게 세 부류로 나누어진 행성들은 주성분에 따라서 행성을 둘러싸고 있는 대기의 구성 물질 또한 크게 다르다는 것을 분명히 알 수 있다.

거대 가스 행성인 목성과 토성의 경우는 대기가 수소와 헬륨으로 이루어졌다. 특히 수소가 대기 성분의 90퍼센트 이상을 차지하고, 나머지는 헬륨이 채우고 있다.

거대 얼음 행성인 천왕성과 해왕성도 대기 중에 수소가 80퍼센트 이상이고 헬륨도 15퍼센트 이상 존재한다. 다만 거대 가스 행성과 달리 메탄이 1퍼센트 이상 섞여 있는 것이 다른 점이다. 천왕성과 해왕성은 메탄과 얼음이 섞인 대기가 에워싸고 있는 것이다.

우리가 사는 지구를 비롯한 암석 행성의 대기에는 산소와 질소, 이산화탄소 등이 포함되어 있다. 하지만 수성은 질량이 너무 작기 때문에 대기는 거의 존재하지 않는다. 지구의 대기는 질소가 약 78퍼센트로 가장 높은 비율을 차지하고 있고, 그 밖에 산소가 약 21퍼센트, 아르곤이 약 0.9퍼센트,

이산화탄소가 약 0.03퍼센트이다.

금성과 화성의 대기는 이산화탄소가 95퍼센트 이상을 차지한다. 특히 지구의 대기를 1기압으로 했을 때, 금성은 무려 90기압이다. 황산 구름에 뒤덮인 이 대기층에 의해, 금성은 표면의 모습을 관측하는 것조차 어렵다.

명왕성은 왜소행성? 소행성?

2006년에 명왕성은 태양계 행성의 지위에서 탈락했다. 그 이유는 행성의 정의 중 세 번째인 '궤도 주위에서 위성을 제외한 다른 천체에 영향을 받지 않을 정도로 지배적일 것'이라는 조건을 만족시키지 못했기 때문이다. 명왕성의 궤도 주위에는 명왕성에 영향을 주는 다른 천체들이 있었기 때문이다. 그렇다면 명왕성은 어떤 천체인 걸까?

명왕성의 정확한 분류 명칭은 '왜소행성'이다. 왜소행성은 행성과 소행성의 중간에 해당되는 개념으로 왜소행성이 되기 위해서는 네 가지 조건을 만족해야 한다.

첫 번째 조건은 태양을 중심으로 공전하고, 두 번째는 원형에 가까운 모양을 유지하기 위한 중력을 지탱할 수 있는

질량을 가지며, 세 번째는 궤도 주변의 물질들을 모두 끌어들이기에 충분할 정도의 중력이 없어서 궤도 주변에 다른 미행성들이 존재해야 한다. 그리고 네 번째 조건으로 다른 행성의 위성이 아니어야 한다는 점이다.

국제천문연맹에서는 명왕성 외에도 케레스, 에리스를 왜소행성으로 지정했다.

참고로 소행성은 행성보다 규모가 작은 천체 중 혜성과 유

성이 아닌 것이다. 발견 후, 궤도가 확정된 소행성에는 소행성 번호가 붙는다. 1801년에 화성과 목성 궤도 사이에 있는 소행성대에서 세레스(Ceres)가 발견된 이후 수많은 소행성의 발견이 줄을 이었고, 현재 231,665개(2010년 1월 30일 기준)가 등재되어 있다. 소행성들 중 아직 발견되지 않은 소행성의 개수도 엄청나게 많기 때문에 소행성 등록번호는 계속 늘어날 것이라고 한다.

태양계 행성 중 가장 무거운 행성은?

태양계 행성 중 가장 무거운 행성을 알기 위해서는 각 행성의 질량을 비교해보면 알 수 있다. 여기서는 5.974×10^{24} 킬로그램의 질량을 가진 지구를 1로 놓고 비교해보기로 하자. 별의 무게를 킬로그램이나 톤으로 나타내기에는 자릿수가 너무 커지기 때문에, 지구를 1로 정하고 질량을 비교하면 이해하기 쉽기 때문이다.

태양계 행성들을 비교해보면 가장 거대한 목성이, 그 크기에 걸맞게 질량도 1위다. 목성의 질량은 317.8로 지구의 약 318개분이 된다. 두 번째가 토성으로 지구 95개분의 질량

을 가지고 있다. 세 번째가 해왕성인데 지구 17개분의 질량으로 목성과는 많은 차이가 난다. 크기만큼이나 무거운 목성은 태양계 행성들 총 질량의 3분의 2나 차지하는, 다른 행성들이 감히 넘보기 어려울 정도로 무거운 행성이다.

태양계에서 가장 알찬 행성은?

태양계에서 가장 촘촘한, 다시 말해서 밀도가 높은 행성은 무엇일까?

무엇보다도 흥미로운 것은 이제까지 행성의 어떤 순위에서도 하위에 있었던 지구가 밀도에서는 1위를 차지한다는 점이다. 다시 말해, 지구는 태양계에서 가장 빈틈없이 꽉 차 있는 행성이다.

지구, 수성, 금성, 화성 등과 같이 암석 행성일수록 밀도가 높고, 그다음으로는 해왕성, 천왕성과 같은 거대 얼음 행성이 밀도가 높다. 목성, 토성과 같은 거대 가스 행성은 기체라는 점에서 그 순위가 한참 밀려나는 것이다. 이 중 가장 밀도가 낮은 것은 토성인데, 앞에서도 설명했지만 토성은 물보다도 밀도가 낮아서 물 위에 둥둥 떠다닐 정도다.

부러워!
펑
축하해!
밀도 부문
1등
축하드립니다~!
감사합니다!
냥
펑
4장 • 태양계와 은하계의 수수께끼

태양계에서
제일 많은 위성을 가진 행성은?

위성이란 행성의 주위를 도는 천체이다. 현재 태양계 외에서도 행성이 발견되고 있다고는 하나, 그 위성의 수까지는 알지 못한다. 심지어 태양계의 행성에서도 새로운 위성이 계속 발견되고 있다. 여기서는 2007년까지 발견된 위성을 위주로 살펴보자.

지구의 위성은 알다시피 달 1개뿐이다. 수성과 금성은 위성이 없고, 화성은 2개다. 그러나 목성보다 멀리 있는 행성들은 위성의 수가 급증한다. 그중에서도 가장 많은 위성을 거느린 대가족 행성은 목성과 토성이다.

　목성의 위성은 갈릴레이가 발견했다 해서 '갈릴레이 위성'으로 불리는 이오, 유로파, 가니메데, 칼리스토 4개를 포함해서 총 63개나 발견되었다. 여기에는 메티스, 아드라스테아, 아말테아, 테베 등 원래는 위성이 아니었는데 목성의 강력한 인력에 의해 정착한 위성도 있다.

　토성의 위성을 말할 때 가장 먼저 떠오르는 것은 토성의 고리다. 그러나 토성의 고리는 얼음과 암석들로 이루어진 가느다란 고리들일 뿐이지, 위성은 아니다. 그렇다고 해도 토성이 보유한 위성 또한 만만치 않다. 2007년 나사가 공식적으로 발표한 위성의 수는 60개. 여기에 아직 위성이라고 공식으로 인정받지 못했지만 위성과 유사한 천체가 3개 더 있다고 한다. 이들이 공식으로 인정받게 되면 목성과 똑같은 63개가 된다. 토성은 현재도 새로운 위성이 계속 늘어나는 추세라고 한다. 머지않아 토성이 위성 수 1위 자리를 탈환할 수도 있지 않을까?

태양계 안에도 엄청난 온도 차이가 존재한다?

태양계 행성의 표면온도는 태양과의 거리가 큰 영향을 미친다. 태양에서 가장 먼 행성인 해왕성의 표면온도는 영하 220도이다. 이웃인 천왕성도 영하 210도 정도다. 두 행성 모두 태양에서 너무 멀기 때문에 태양의 혜택을 거의 받을 수가 없는 것이다.

태양계 2대 행성인 토성과 목성은 어떨까? 토성의 표면온도는 영하 180도, 목성이 영하 150도로 천왕성과 해왕성처럼 얼음으로 뒤덮여 있지는 않지만, 양쪽 다 극한이긴 마찬가지다.

여름철 한낮의 온도가 25도인 행성도 있다. 이 말만 들으면 지구로 착각하는 사람도 있을지 모르겠지만, 실은 화성의 적도 부근이다. 그러나 사계절에 걸친 평균 표면온도는 영하 30도니까 생물이 살기에는 여전히 너무 춥다.

한편, 지구의 최저기온은 영하 60도, 적도 바로 밑의 최고기온은 50도, 대륙 지표면의 온도는 평균 22도다. 지표면의 평균온도만 봐도 지구는 생명이 살기에 적합한 온도를 갖추고 있다.

수성은 태양에서 가장 가깝고 온도차도 태양계 행성 내에서 제일 크다. 한낮의 표면온도는 430도, 밤에는 영하 180

도까지 내려간다. 그 차이는 무려 610도나 된다. 평균온도는 약 260도로 금성에 미치지는 못하지만 태양의 영향을 가장 많이 받는 행성이라 할 수 있겠다.

　그렇다면 금성은 어떨까? 태양에서 금성까지의 거리는 약 1억 820만 킬로미터, 표면온도는 약 460도이다. 그런데, 금성은 수성보다 태양과의 거리가 더 먼데, 어째서 수성의 표면온도보다 더 높을까? 그 이유는 금성에는 대부분 이산화탄소로 이루어진 두터운 대기가 있기 때문이다. 이 대기가 열이 빠져나가는 것을 막아주는 역할을 해서 금성의 표면은 엄청난 고온을 유지하는 것이다.

아스테로이드 벨트엔 태양계 탄생의 비밀이 숨어 있다?

　화성의 궤도와 목성의 궤도 사이에는 소행성들이 모여 있는 지대가 있는데, 이를 '소행성대', 혹은 '아스테로이드 벨트'라고 부른다. 이곳에는 30만 개 이상의 소행성이 띠를 이루고 태양의 주위를 돌고 있는데, 그들의 공전주기는 3.3~6년이라고 한다. 이 소행성들은 목성의 인력이 너무 커서 행성으로 성장할 수 없었던 것으로 추측되고 있다.

이러한 소행성들은 지금은 없어졌지만 태양계가 생길 때 있었던 행성의 조각인 미행성의 흔적으로 보이는 것, 커다란 천체가 산산조각 난 잔해로 보이는 것, 혜성에서 소행성이 된 것으로 보이는 소행성 등 실로 다양하다. 이런 이유로 태양계가 탄생한 46억 년 전의 기억이 남아 있을지도 모르기 때문에, 소행성을 조사하면 태양계 탄생의 수수께끼가 밝혀질지도 모른다. 소행성과 혜성은 태양계가 생길 때의 열쇠를 쥔 중대한 실마리인 것이다.

은하수는 어떻게 만들어졌을까?

'은하수'란 우리들이 살고 있는 은하를 지구에서 봤을 경우의 명칭으로, 은빛으로 빛나는 강처럼 보인다고 하여 붙여진 이름이다. 고대 그리스에서는 갓난아기였던 헤라클레스가 하늘에서 먹다 흘린 모유라고 생각해 영어로는 '밀키 웨이(Milky Way)'라고 불렀다.

태양계를 포함하고 있는 우리들의 은하지만, 은하수는 어떻게 만들어졌는가 하고 묻는다면 명확하게 대답하기가 어렵다.

사실 최초의 은하가 언제쯤 만들어졌는지조차 알 수 없다.

은하의 기원에 관해서는 크게 두 가지 가설이 있다.

우선은 거대한 가스 구름과 유사한 구조가 분열하면서 은하의 기초가 만들어졌다는 톱다운설이 있다.

또 하나는 톱다운설과는 반대로 최초에 성단과 같은 작은 천체가 탄생하고, 인력으로 작은 천체들이 서로 끌어당기면서 은하나 그보다 더욱 큰 은하단이 형성되었다고 보는 바텀업설이다.

최신 연구에 의하면 현재는 바텀업설이 유력하다. 우리은하가 바텀업의 과정을 거쳐 탄생한 것인지는 아직 확실히 알 수 없지만, 은하의 탄생을 파헤치는 작업이 우주의 구조를 밝히는 데 중요한 역할을 할 것임에 틀림없다.

은하는 어떻게 생겼을까?

은하란 별이 많이 모여 있는 집단을 말한다. 그리고 태양계가 속해 있는 은하를 '우리은하'라고 한다. 우리은하와 닮은 다른 은하로는 230만 광년 떨어진 곳에 있는 안드로메다 은하가 있다.

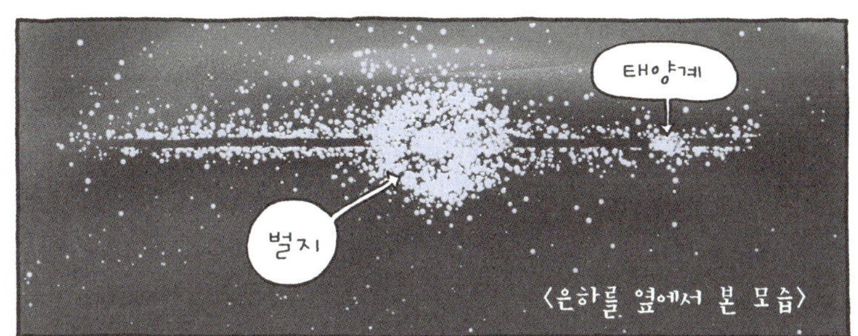

태양계
별지
〈은하를 옆에서 본 모습〉

은하핵
팔
별지
〈은하를 위에서 본 모습〉

은하의 중심 부분은 부풀어 있으며 '벌지(bulge)'라고 부른다. 그 주위에는 비교적 얇은 테두리가 있으며, 주로 원반 모양을 이루고 있다. 원반이라고 해도 실제로는 원형이 아니고 소용돌이 형태로 주위에 팔처럼 길쭉하게 뻗어 있다고 해서 '나선팔'이라고 불린다.

은하 전체를 옆에서 보면 지름 10만 광년의 볼록렌즈 같은 형태를 이루고 있다. 그리고 그 볼록렌즈의 바깥쪽을 '헤일로'라고 불리는 가스와 다양한 암흑물질들이 에워싸고 있다. 이 헤일로의 지름은 약 15만 광년으로 추측된다.

태양계는 은하 끝 쪽에 있다?

우리은하에는 1,000억 개가 넘는 항성이 있고, 그 크기는 지름이 약 10만 광년에 이른다고 한다. 그렇다면 이 넓은 은하에서 태양계는 어디쯤에 위치하고 있는 것일까?

우리은하를 바로 위에서 내려다보면, 은하핵과 그것을 둘러싸고 있는 벌지가 있고, 이 벌지로부터 쭉 뻗어 나와 있는 나선팔이라고 부르는 부분들이 있다. 이 팔에는 사수자리 팔, 페르세우스자리 팔, 오리온자리 팔 등 각각의 이름이 있

는데, 태양계는 오리온자리 팔에 위치하고 있다. 은하의 중
심으로부터는 약 2.8만 광년 떨어진 곳에 위치한다. 은하의
반지름이 5만 광년이니까, 태양계는 은하의 변두리 쪽에 더
가깝게 있는 셈이다.

은하의 형태는 어떤 게 있을까?

우주에는 엄청나게 많은 수의 은하가 있고, 그 종류 또한
다양하다.

이 많은 은하들은 허블의 은하 분류 방법에 따라, 크게 나
선은하, 막대나선은하, 타원은하 그리고 불규칙은하로 나눌
수 있다.

이 중에서 나선은하는 원반부(나선팔)를 가지고 있는 은하
이다. 중심부에 공 모양의 은하핵과 벌지가 있고, 거기에서
2개 또는 그 이상의 팔이 뻗어 나와 소용돌이를 이루고 있
다. 우주에 있는 은하의 대부분이 나선은하에 속한다고 볼
수 있다.

막대나선은하는 나선은하와 비슷하지만 중심핵이 다르게
생겼다. 막대나선은하의 중심핵은 양쪽이 막대처럼 뻗어 있

세상에서 가장 신비로운 우주지도

와~
은하의 모양도
가지각색이구나!
나선은하
불규칙은하
막대나선은하
타원은하

고 그 끝에 원반부가 달려 있다. 최근에 이르러 태양계가 있는 우리은하 또한 막대나선은하라는 것이 밝혀졌다.

타원은하는 은하의 분류상 타원체 또는 구형의 은하로 일반적으로 원반부가 없으며, 성간먼지와 성간가스가 없고 구조도 단순하며 규칙적이다. 별의 재료가 되는 수소가스가 별로 없어서 새로운 별은 거의 탄생하지 않고, 노화한 별이 대부분을 차지하고 있는 은하다.

불규칙은하는 타원은하 또는 나선은하와 달리 어떠한 형태로도 구별할 수 없는 형태의 은하를 말한다.

그리고 허블의 분류 방법에는 나와 있지 않은 렌즈형은하라는 것도 있다. 렌즈형은하는 타원은하와 나선은하의 중간 형태로 중심부와 원반부의 구별은 있지만 원반부에 소용돌이가 없는 은하를 말한다.

사실 이렇게 은하의 형태를 나누어봐도, 모든 은하의 종류를 제대로 분류해냈다고는 판단하기 어렵다. 그만큼 은하의 수는 어마어마하고, 그 형태 또한 다양하기 때문이다. 지금도 은하에 대한 관측과 연구가 계속되고 있고, 앞으로 어떠한 형태의 새로운 은하들이 등장할지 알 수 없는 게 현실이다. 우주는 정말 말할 수 없이 광활한 세계이며, 모르는 것 투성이인 세계이다.

우리은하가 안드로메다은하와 부딪힌다?

우리은하는 다른 은하와 모여서 더욱더 큰 집단을 형성한다. 그것을 은하군 혹은 국부은하군이라 한다. 이 집단에는 우선 안드로메다은하와 우리은하가 있다. 그리고 여기에 우리은하의 위성처럼 존재하는 대마젤란은하나 소마젤란은하와 같은 위성은하까지 합쳐져 약 50개의 은하가 북적거리고 있다.

그것들은 인력에 의해 서로를 잡아당기고 있는데, 이대로라면 수십억 년 후 우리은하는 안드로메다은하에 부딪힐 것이라고 한다. 그렇게 되면 보다 큰 은하가 형성되기 때문에 안드로메다은하와 우리은하를 더 이상 구별할 수 없을지도 모른다. 우주에는 이렇게 서로가 서로를 끌어당기는 은하가 약 1,000억 개 이상 있다고 한다.

혜성은 어디서 오는 것일까?

주기적으로 돌아오는 주기혜성은 도대체 어디서 오는 것일까? 현재도 새로운 혜성이 발견되고 있는데, 그것들의 궤도를 계산하고 거꾸로 거슬러 올라가보면 그 고향을 알 수 있다.

고향 후보로는 2개를 꼽을 수 있다. 하나는 '오르트의 구름'이다. 이것은 아직 실제 관측이 이루어지지는 않았지만, 태양계 전체를 공처럼 둥근 모양으로 감싸는 껍질 같은 영역이라고 추측되고 있다.

또 하나의 후보는 '카이퍼 벨트'다. 카이퍼 띠라고도 불리는데, 이것은 태양계의 가장 바깥쪽 행성인 해왕성의 바깥쪽을 감싸고 있는 작은 천체들이 모인 집합체이다. 여기서는 현재 1,000개 이상의 천체가 발견되고 있다.

혜성은 얼마 만에 돌아올까?

우리에게 가장 익숙한 혜성은 핼리혜성이다. 이 혜성은 기원전 문헌에도 등장하는 혜성으로 약 75년을 주기로 지구에 가깝게 접근한다.

핼리혜성보다 덜 알려져 있지만, 핼리혜성보다 지구에 더 자주 찾아오는 혜성들도 있다. 그중 템펠-터틀혜성은 핼리혜성의 절반인 약 33년을 주기로 지구를 방문한다. 특히 엥

케혜성은 3.3년마다 한 번씩 우리를 찾아주는 매우 친근한 손님으로, 현재 알려져 있는 혜성 중에서도 최단주기라 할 수 있다.

그렇다면 도대체 혜성들은 얼마나 자주 지구를 방문하는 것일까?

사실 핼리혜성과 달리 보통의 혜성들은 지구에 자주 방문하지 않는다. 헤일-밥혜성이나 하쿠다케혜성처럼 한 번 태양에 접근했다가 멀리 사라지면, 수천 년에서 수만 년 동안 그 모습을 보기가 힘들다. 대부분이 200년 이상의 주기를

가지고 있어 '장주기 혜성'이라고 부르고, 맥코트혜성처럼 12만 년 이상이 걸려 거의 다시 돌아오지 않는다고 생각되는 혜성도 꽤 많아 이를 '비주기형 혜성'이라고 부른다.

단지 핼리혜성처럼 목성 등 태양계 행성의 인력에 잡혀 그 주기가 짧게 변한 혜성들이 우리를 자주 찾게 되는 것이다. 이런 200년 이하의 주기를 가진 혜성을 '단주기 혜성'이라 한다.

우리나라에 떨어진 운석은 몇 개?

운석은 대기 중에 돌입한 유성이 다 타버리지 않고 땅에 떨어진 것으로 철, 니켈합금과 규산염광물이 주성분이며 태양계의 생성, 변천 과정 등 우주과학 연구 분야의 귀중한 자료로 평가받고 있다.

1년에 지구에 떨어지는 운석은 2만 개 정도라고 한다. 물론 우리나라에도 운석이 많이 떨어진다. 하지만 어디에 떨어졌는지 그 소재가 정확히 확인된 경우는 두원 운석 하나뿐이다.

지난 1943년 두원면 성두리 야산에 유성 하나가 긴 꼬리

를 날리며 떨어졌다. 이 운석을 최초로 발견한 사람은 두원 성두마을 주민이었으나, 해방이 되자 일본인 학교장이 일본으로 가져갔다고 한다. 그 후 일본국립과학박물관에 소장되어 있다가 56년 만인 지난 1999년 한·일 정상회담 시 영구 임대 형식으로 우리나라에 반환되어, 현재 대전에 있는 한국지질자원연구소에 있다.

운석이 떨어졌던 곳인 고흥군에서는 운석이 떨어진 장소에 표지석을 설치하고, 현재 관광객을 맞이하고 있다고 한다.

운석은 비싼 돌이다?

우주에서 암석 등이 지구로 떨어지면 대기와 충돌하면서 타버린다. 이것을 유성, 혹은 별똥별이라고 한다. 그런데 이 암석이 아주 커다란 것이라면 이야기가 달라진다. 작은 암석들은 다 타버리지만 큰 암석인 경우에는 다 타버리지 않고 조금 남아서 지상 어딘가에 떨어진다. 타다 남은 중에 떨어진 암석, 이것이 바로 운석의 정체다.

지금까지 과학자들이 지구에서 발견한 운석은 수만 개가 넘는다고 한다.

운석의 모양과 무게는 가지각색이다. 1920년 아프리카 나미비아에서 발견된 60톤짜리 호버 운석도 있지만, 어떤 건 몇 그램 정도밖에 안 나가는 '돌멩이' 수준이다. 혹시나 운석이 떨어진 것을 발견한다면 어디에 떨어졌는지 잘 관찰해서 신고하도록 하자. 참고로 운석 중에는 돈으로 따지면 아주 비싼 보석일 수도 있고, 지구상에는 없는 미지의 금속일 수도 있다.

태양계 밖에는 행성이 얼마나 있을까?

태양계 밖에는 과연 지구처럼 항성의 주위를 도는 행성이 얼마나 있을까? 이렇게 태양계가 아닌 다른 항성에 존재하는 행성을 '외계행성'이라 부르는데, 이런 외계행성은 태양계 밖에서 지구와 같은 환경을 가진 행성을 찾기 위한 단서가 된다.

지금까지 발견된 외계행성은 대부분 목성과 같은 거대 가스 행성으로, 항성의 바로 근처를 공전하고 있다. 태양계로 치면 수성의 공전궤도 훨씬 안쪽을 목성이 돌고 있는 셈이므로 '핫 주피터'라고 불린다. 또한 외계행성 중에 공전궤

도가 매우 일그러진 타원형인 것은 '엑센트릭 플래닛'이라고 한다.

이러한 행성이 어떻게 만들어졌는지, 그리고 그 행성의 환경이 어떤지는 여전히 미궁 속에 갇혀 있다. 다만 현 상황에서 말할 수 있는 것은 우주에는 태양계 행성을 기준으로 해서는 도저히 가늠할 수조차 없는 가지각색의 행성이 무수히 존재한다는 사실이다.

태양계 밖에도 지구 같은 행성이 있다?

외계인, 즉 '지구 외 지적 생명체'가 있는지 조사하기 위해, 각국에서는 지금 태양계 밖 행성을 찾기 위한 탐사위성 추진을 진지하게 검토 중이다.

사자자리의 그리스436이라는 별의 주위를 도는 행성은 공전주기가 2.5일, 질량은 지구의 10~20배 정도로 어림잡고 있다. 그때까지 발견되었던 목성형 행성은 대체로 크기가 지구의 300배 정도는 되었으므로 이것은 훨씬 작은 행성이다. 이 행성은 목성과 같은 가스형이 아니라, 지구처럼 암석으로 되어 있을 가능성도 있어서 주목을 받고 있다.

　지금까지 알려진 태양계 밖 행성은 대다수가 항성의 바로 근처를 공전하기 때문에 온도가 높아 생명체가 도저히 살 수 있는 환경이 아니었다.

　그러나 마침내 지구처럼 액체 상태의 물이 존재할지 모르는 행성도 발견되었다. 천칭자리 방향으로 20.5광년 거리에 있는 항성 그리스581의 주위를 도는 행성이 바로 그것이다. 그 행성의 평균온도는 0~40도로 추정되고 있다. 그것이 사실이라면 물이 액체 상태로 존재할 수 있으며 더 나아가서는 생명의 존재 가능성도 기대된다.

외계행성의 탐색 방법은?

우주에는 태양 외에도 헤아릴 수 없이 많은 항성들이 빛나고 있다. 이 각각의 항성들에는 그 주위를 도는 행성들도 있기 마련이다. 이런 행성을 외계행성이라 하는데 스스로 빛을 내지 않기 때문에 관측하기가 좀처럼 쉽지 않다.

그런 이유로 외계행성은 오랫동안 이론과 추측 속에서만 존재했었는데, 1995년 스위스의 미헬 마이어와 디디에 퀼로즈가 태양계 밖에서 행성을 처음으로 발견하면서 현실로 드러나기 시작했다. 최초로 발견된 이 외계행성은 페가수스자리 51번 별이라는 항성의 주위를 돌고 있다. 이후 2007년까지 수많은 관측자들이 250개 이상의 외계행성을 발견해냈고, 여전히 외계행성을 발견하기 위한 노력은 계속 진행 중이다.

스스로 빛을 내지 않는 외계행성을 탐색하는 데에는 다양한 방법이 동원된다. 그중 한 가지가 '속도 측정법'이다. 거대한 행성이 항성의 주위를 공전하면, 행성의 영향으로 항성이 살짝 흔들린다. 그 흔들림을 관측함으로써 행성의 존재를 확인하는 방법이다.

또 다른 방법으로는 '행성횡단 관측법'이 있다. 달이 태양을 가리면서 태양이 어두워지는 때가 있는데, 우리는 이를 일식이라고 부른다. 이것과 비슷한 원리로, 다른 항성과 우리 지구 사이에 행성이 지나갈 경우, 항성이 살짝 어두워진다. 이때 별빛이 약해진 시간을 측정하여, 행성의 존재를 찾고 공전궤도를 구하는 방법이다. 이런 방법들을 통해, 인류는 하늘에서 반짝이지 않는 별까지 관측을 시작한 것이다.

소곤소곤 비밀스런 별의 수수께끼

우리가 보는 별자리는 누가 만들었을까?

먼 옛날, 사람들은 밤하늘에 빛나는 별을 보고 여러 가지 그림을 상상했다. 밤하늘의 별과 별을 이어 별자리라 부르면서, 가지각색의 이야기를 만들어내기 시작한 것이다. 그렇다면 이런 별자리들의 이름은 과연 누가 정한 것일까?

약 5,000년 전에 지금의 중동 지방에 해당되는 메소포타미아 지방에 살던 사람들이 별들을 몇 개씩 묶어 동물 이름이나 영웅의 이름을 붙이면서, 별자리가 만들어지기 시작했다는 설이 있다.

반면 비슷한 시기에, 고대 바빌로니아의 유목민들이 별점을 치기 위해 밝게 보이는 별들을 연결하면서부터라는 설도 있는데, 이때 최초로 탄생한 것이 황도 12궁이라고 주장하는 것이다. 황도 12궁은 우리에게 별자리 운세로 익숙한 처녀자리, 쌍둥이자리, 황소자리, 천칭자리 등의 12개의 별자리를 말한다.

분명한 것은 이 별자리들이 그리스로 전해지면서, 그리스 신화 등과 연결되었다는 점이다. 그러면서 좀 더 다양하고 새로운 별자리들이 등장했고, 이 다양해진 별자리들을 2세기에 프톨레마이오스가 『천문학 집대성』이라는 책을 통해, 48개의 별자리로 정리하면서 현재 별자리의 기원이 되었다.

이어 16세기가 되자, 대항해시대에 들어서면서 사람들은 적도를 넘어 남반구에 도달했다. 천문학자들은 북반구에서는 볼 수 없던 밤하늘의 별들을 보고 다시 새로운 별자리들을 만들기 시작했다. 대항해시대였던 만큼, 당시 만들어진 별자리에는 나침반자리라는 별자리도 있었다.

그러나 별자리가 너무 많이 늘어나자, 학자와 나라에 따라 사용하는 별자리가 달라 혼란스럽게 되었다. 이에 1928년 국제천문연맹에서는, 프톨레마이오스의 48개의 별자리를 기초로 총 88개의 별자리를 정리하게 된다. 이것이 오늘날의 별자리인 것이다.

별자리 중에서 가장 큰 별자리, 가장 작은 별자리는?

북두칠성이 들어 있어서 많은 사람들에게 알려져 있는 큰 곰자리를 가장 큰 별자리로 생각하는 사람들이 있는데, 사실 큰곰자리는 세 번째에 불과하다.

정작 가장 큰 별자리는 봄의 별자리인 바다뱀자리다. 바다뱀자리는 게자리, 사자자리, 까마귀자리, 처녀자리의 남쪽을 구불구불 지나서 동서에 걸쳐 120도에 이르는 거대한 별자리다. 그리스신화의 영웅인 헤라클레스가 무찌른 머리가 9개 달린 뱀으로부터 그 이름을 따왔다.

반대로 가장 작은 별자리는 무엇일까?

남쪽 하늘에 걸린 십자가, 바로 남십자자리가 그 주인공이다. 남십자자리는 하늘의 남극 주위 북, 북서, 남동, 남쪽에서 빛나고 있다. 4개의 별을 가로세로 직선으로 그으면, 그 교차되는 중심이 하늘의 남극을 가리키므로, 대항해시대 이후 남반구 쪽의 바다를 항해하는 사람들에겐 중요한 길잡이였다.

다만 북위 30도 이남에서만 보이는 남반구 별자리라서 우리나라에서는 볼 수 없는 게 아쉽다.

별자리도 국기의 심벌로 쓰일까?

미국, 영국, 중국……. 이 나라들의 국기를 보면, 하나의 공통점이 있다. 어떤 공통점일까?

이들 나라의 국기들은 모두 별 마크를 사용한다는 것. 또한 필리핀 국기의 가운데에 빛나는 노란색 별이 태양을 상징하듯이, 별 마크마다 모티브가 된 별이 있다. 특히 태양과 달은 국기의 모티브로 자주 등장한다.

그렇다면 국기에 별이 아닌, 별자리를 모티브로 사용한 나라들도 있을까?

국기에 별자리를 모티브로 사용하는 나라들은 대부분 오세아니아 지역에 집중되어 있고, 모두 남십자자리를 상징으로 사용한다. 오세아니아 지역의 전 8개국 중에서 오스트레일리아, 미크로네시아 연방, 파푸아뉴기니, 뉴질랜드 그리고 사모아까지 총 5개국이 남십자자리를 국기의 상징으로 삼았다. 오세아니아 지역에서는 남반구에서밖에 볼 수 없는 이 별자리에 상당한 애착이 있는 것 같다.

별은 왜 반짝반짝 빛날까?

밤하늘의 별은 반짝반짝 빛나며 우리의 시선을 끌어당긴다. 별들이 저렇게 반짝이는 걸 보면, 이런 생각이 든다. 저 별들은 모두 우주에 있는 천체들, 그렇다면 우주에 있는 모든 천체가 다 반짝반짝 빛을 내는 건 아닐까?

밤하늘에 보이는 별은 대체로 태양과 같이 스스로 빛을 내는 천체인 항성이다.

여기에 태양계 내에 있는 행성들도 비교적 가까이 있는데다가, 태양빛을 반사하기 때문에 밝게 보인다. 반면 멀리 있는 다른 항성들의 행성들은 거의 눈에 보이지 않는다. 너무나 멀리 있고 스스로 내는 빛이 아닌 다른 항성의 빛을 받아 반사한 빛이라서, 그렇게 밝지 않기 때문이다.

어쨌든 이들은 반짝반짝 빛을 낸다. 그런데 우주공간에 나가서 이 별들을 보면, 반짝이는 것이 아니라 가만히 빛나고 있다. 그런데 왜 지구에서 보면 별이 반짝반짝 빛나게 보이는 것일까?

아시다시피 지구는 대기에 쌓여 있다. 이 대기는 지표면으로부터 수백 킬로미터에 이르는 높이까지 뻗어 있으며, 각기 구성 성분이나 밀도, 온도가 다른 여러 층으로 구성되어 있다. 별에서 보내오는 빛은 이 대기를 통과해서 우리의 눈에 보이게 되는데, 이때 빛은 대기에 부딪히며 굴절을 일으키게 된다. 특히 대기 자체의 밀도는 수시로 변화를 하는데, 이때 밀도의 변화에 따라 빛이 굴절하는 정도가 많은 차이를 나타내게 된다. 바로 이러한 굴절률의 차이가 별을 반짝반짝 빛나 보이게 한다.

별은 어떻게 태어났을까?

우주에 있는 수많은 별들은 어떻게 태어난 걸까?

별은 가스와 먼지 구름으로 만들어진다. 수명을 다해 사라져간 별에서 나온 잔해들은 주위의 물질들과 합쳐져서 점점 자란다. 그 상태를 '원시별'이라고 부른다.

이 원시별이 수축을 시작하면 핵 부분의 밀도가 증가한다. 핵의 밀도가 한계에 다다를 때 수소와 헬륨의 핵융합반응이 시작된다. 이 핵융합이 시작될 때 비로소 항성, 즉 스스로 빛을 내며 타오르는 '별'이 된다.

이때 태양 크기의 별이라면 연소를 시작할 때까지 수백만 년의 세월이 걸린다. 이렇게 작은 별들은 더 크고 더 밝은 별들보다 자신의 연료를 아껴 쓰면서, 상대적으로 더 오래 산다.

반면 태양의 15배 정도 크기를 가진 원시별들은 불과 1만 년이면 핵융합을 시작한다. 그리고 빠른 팽창과 폭발로, 작은 별보다 훨씬 빠르게 자신의 생을 마감한다.

참고로 별 중에는 너무 작아서 핵융합이 일어나지 않는 별도 있다. 그런 별은 갈색으로 보이기 때문에 '갈색왜성'이라고 한다. 갈색왜성의 질량은 태양의 8퍼센트 미만으로 대부분 항성과 행성의 중간급이다. 갈색왜성은 수소 핵융합반응이 일어나지 않아 진홍색과 갈색 사이의 빛을 약하게 내며 깜빡이기 때문에 우리 눈에는 잘 보이지 않는다.

별의 최후는 질량에 따라 각각 다르다?

　별도 하나의 생명처럼 태어나고 죽는다. 그리고 그런 별들의 최후는 별의 질량에 따라 각각 달라진다.

　먼저 원래 가벼웠던 별은 팽창하면서 적색거성이 되었다가, 지나치게 거대해지면 바깥쪽의 가스가 점점 빠져나가게 된다. 이때 별의 중심부는 수축하면서 작아져서 백색왜성이 된다. 이 백성왜성은 더 이상 핵융합반응을 일으키지 않고 여분의 에너지로 빛나면서, 강력한 자외선을 뿜어낸다. 이 자외선이 이미 빠져나가 있는 가스와 닿으면 아름다운 색을 띠며 빛나게 되어, 고리 모양의 성운으로 보이게 된다.

시간이 더 많이 흐른다면, 중심의 백색왜성은 서서히 온도가 내려가면서 더 이상 빛나지 않는 흑색성운이 될 것이다. 아마 태양도 이런 최후를 맞을 것으로 추측된다.

반면, 원래 무거웠던 별은 적색거성이 되면서 초신성 폭발을 일으키고 만다. 엄청난 빛과 열을 내는 초신성 폭발은 방대한 양의 물질을 우주공간으로 방출하게 되며, 이러한 물질은 다시 다른 별의 모태가 되는 성간물질이 된다. 이 폭발의 밝기 또한 엄청나게 밝아서, 별이 있던 은하 내의 모든 별들을 합친 것보다 더 밝게 빛날 수도 있다고 한다.

이어 폭발 때 함께 방출됐던 가스가 없어진 뒤에 별이 남는다면, 중성자별이라고 불리게 된다. 이 별은 굉장히 무겁지만 작은 별이다.

또한 태양의 30배 이상 되는 질량을 가졌던 별의 경우, 폭발 후 한없이 수축하여 블랙홀이 되기도 한다.

자전과 공전은 별이 살아남기 위한 필수 운동이다?

별의 회전에는 공전운동과 자전운동이 있다. 공전운동이

란 지구가 태양의 주위를 돌듯이 어느 천체가 다른 천체의 주위를 주기적으로 도는 것을 말한다. 이 운동은 천체가 살아남기 위해 꼭 필요한 운동이다.

예를 들어 태양계의 행성은 각각의 궤도를 돌면서 생기는 원심력으로 균형을 잡는다. 만약 원심력을 통해 균형을 잡지 않는다면, 태양의 인력에 의해 끌려가 버릴 것이다. 마치 혜성이나 운석이 항성이나 행성의 인력에 끌려와 충돌하듯이 말이다. 결국 행성은 공전하지 않으면 행성으로서 살아남지 못하는 것이다.

그렇다면 자전운동은 어떨까? 자전이란 천체가 같은 자리에서 뱅글뱅글 도는 운동을 말한다. 지구가 자전하는 것은

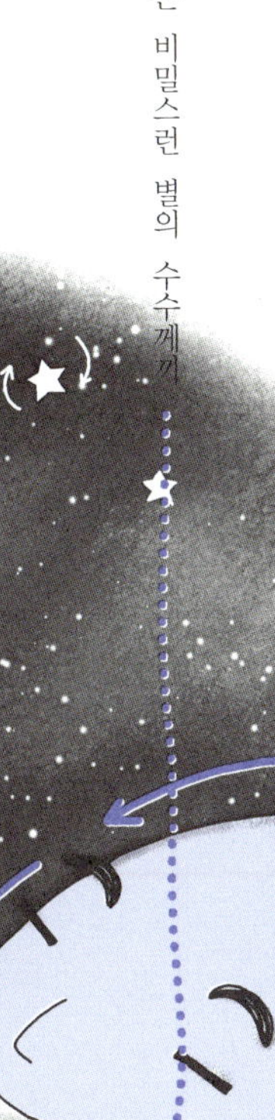

모두가 알고 있는 상식. 지구뿐 아니라 태양계의 다른 행성도, 그리고 태양조차도 자전한다.

왜 천체는 자전하지 않으면 안 되는 걸까?

그 이유는 애초에 별이 왜 도는지를 생각해보면 금방 알 수 있다.

우선, 태양과 같은 항성은 우주공간에 떠다니는 가스가 모여서 생긴다. 모든 물질에는 인력이 있기 때문에 모여든 가스는 또 중심으로 모이고, 작게 똘똘 뭉치게 된다. 물질이 수축되는 과정에서 회전을 해야 에너지를 보존할 수 있기 때문에 자연스럽게 별이 되면서 자전운동을 하게 된다. 이렇게 천체가 자전하는 이유는 에너지 보존이라는 불가피한 이치인 것이다.

결국 자전도, 공전도 별이 살아남기 위한 필수 운동인 셈이다.

눈으로 보고 셀 수 있는 별의 개수는?

밤하늘을 올려다보면 수없이 많은 별들이 빛나고 있다. 이 별들을 일일이 셀 수나 있을까 하는 의문을 가질 만큼. 하지만 우리 눈에 보이는 별은 몇 날 며칠 공을 들이면 셀 수 있다고 한다. 사람의 눈으로 확인할 수 있는 별의 밝기는 6등성까지이기 때문에 그 수에는 한계가 있다. 망원경을 사용하지 않고 확인할 수 있는 별의 수는 약 5,600개이며, 그중에서 지평선보다 위에서 보이는 별은 더욱 줄어들어 반 정도인 약 3,000개라고 한다.

그렇다고 우주를 만만히 봐서는 안 된다. 우리 눈에 보이지 않을 뿐이지, 우리의 지구가 속한 은하만 해도 약 1,000억 개의 별이 빛나고 있다. 일반적으로 하나의 은하 안에는

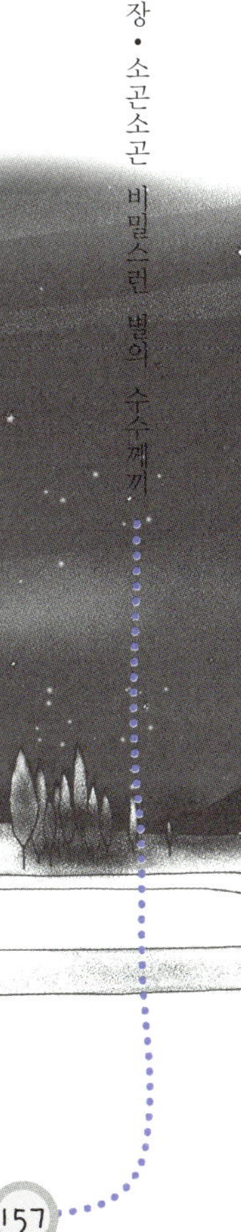

별이 수백억에서 수천억 개가 존재한다고 한다. 그러한 은하가 우주에 얼마나 많은지까지 감안해보면, 우주 전체에 있는 별의 수는 헤아릴 수 없을 정도가 된다. 만약 이 많은 별들이 지구 주위에 몰려 있었다면, 어두운 밤은 존재하지도 않았을 것이다.

우주에서 '한 덩치' 하는 별들은?

지구 주위에서 가장 덩치가 큰, 즉 가장 거대한 별은 태양이다. 태양은 태양계의 중심에 위치하는 태양계 행성들의 지배자로, 그 지름은 자그마치 지구 109개가 쏙 들어갈 정도다. 그러나 드넓은 우주에는 태양은 발끝도 못 미칠 정도로 '한 덩치' 하는 별들이 잔뜩 도사리고 있다.

태양계 외에서 거대한 별을 찾자면, 잘 알려진 겨울철 오리온자리의 어깨에 해당하는 적색 초거성 '베텔기우스'가 있다.

적색 초거성이란 질량이 태양의 10배 이하인 항성이 일생을 마치기 직전 단계에서 가장 팽창해 있는 상태를 말한다. 베텔기우스는 지구에서 약 310광년 떨어진 곳에서 빛나고

있다. 이 별의 반지름은 태양의 약 800배. 베텔기우스를 태양의 자리에 둔다면 지구는 물론이고 화성의 궤도까지 차지하고 말 것이다.

베텔기우스가 거대한 별로 유명했지만, 독일의 천문학자 윌리엄 허셜이 '가넷스타'를 발견하면서부터 베텔기우스의 덩치는 명함도 못 내밀게 되었다. 별의 색깔이 붉어서 '석류석'이라는 별명을 가진 가넷스타는 세페우스자리에서 빛나고 있으며, 지름이 태양의 약 1,400배에 달한다. 이 별은 태양의 위치에 두었을 경우 목성 궤도까지 차지한다.

그러나 현재는 가넷스타조차 가장 큰 별에서 밀려나 버렸다. 지구에서 5,000광년이나 떨어진 거리에 있는 '큰개자리 VY'라는 별 때문인데, 이 별의 지름은 태양의 1,800~2,100배라고 추정된다. 초속 30만 킬로미터 속도의 빛조차, 이 별을 한 바퀴 도는 데에는 8시간이나 걸리고, 태양의 위치에 둔다면 토성의 궤도까지 달할 정도로 거대하다. 또한 인간이 걸어서 일주하려면 65만 년이나 걸린다고 하니, 만약 이 별에서 인류가 탄생했다면 세계 일주는 꿈도 못 꾸지 않았을까?

'술 취한 별'이 있다?

7월 중순, 밤 9시 무렵에 남쪽 하늘을 바라보면, 지평선 위쪽으로 붉은 별이 보일 것이다. 이것은 전갈자리의 심장에 해당하는 별인 '안타레스'다. 1등성으로 매우 밝게 빛나서 도시에서도 볼 수 있다. 또한 그 빛이 술 취한 사람의 얼굴을 떠올릴 만큼 매우 붉어서, '술 취한 별'이라고도 불린다. 하지만 진짜로 안타레스가 술을 마실 리는 없고, 그 원

인을 찾자면 별의 낮은 표면온도 때문이라고 할 수 있다.

일반적으로 온도가 높을수록 에너지가 커지고, 빛의 파장이 짧아진다. 빛의 파장이 짧으면 파란빛을 띠게 되고, 반대로 빛의 파장이 길수록 붉은빛을 띤다.

그래서 타고 있는 물체는 25,000도 이상일 때는 파란색, 7,500~11,000도는 백색, 5,000~6,000도는 황색, 그리고 3,500도 이하일 때는 붉은색으로 빛나게 된다. 우리가 일상에서 사용하는 불들이 대부분 붉은색인 이유도 여기에 있다.

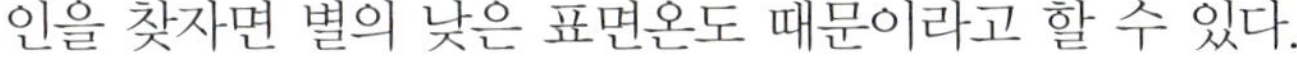

이런 원리를 이용하여 별의 온도를 추측할 수 있다. 그러므로 아무리 밝게 빛나는 안타레스도 붉게 빛나는 이상 표면온도가 3,500도 이하인, 비교적 온도가 낮은 별이라고 볼 수 있는 것이다.

별들에게도 출생지가 있을까?

성운이란 별과 별 사이에 모여 있는 대규모 물질들을 가리키며, 이들은 마치 구름처럼 보인다 해서 성운(星雲)이라고 부른다. 이들은 우주공간을 떠다니는 가스와 미세한 먼지들로 이루어져 있으며, 여기에서 별들이 생겨난다고 알려져 있다. 그중에서도 많이 거론되는 것이 말머리성운과 독수리성운이다.

말머리성운은 지구로부터 1,100광년 거리에 말의 머리처럼 솟아 있는 성운으로, 그 폭은 약 3.5광년이나 된다. 오리온자리 가운데 있는 3개의 별 중 가장 왼쪽 별 바로 아래에서 찾아볼 수 있으며, 별빛을 통과시키지 않아서 검게 보이는 암흑성운이다.

독수리성운은 지구에서 7,000광년 떨어져 있으며, 겉보기

등급이 6등급으로 매우 밝을 뿐만 아니라, 그 크기도 20광년에 이른다.

이 두 성운은 별의 탄생지로 유명한 양대 성운이라 할 수 있다. 그렇다면 성운의 종류에는 어떤 것들이 있을까?

우선 말머리성운처럼, 성운 자체는 빛을 내지 않지만 배후의 별이나 발광가스를 흡수하여 검은 덩어리 또는 띠처럼 보이는 암흑성운이 있다.

또한 대형 행성처럼 보이지만 사실은 성운인 행성상성운, 항성의 빛을 반사하여 밝게 빛나는 성운인 반사성운, 그리고 태어나면서 자외선을 뿜기 때문에 주위 가스도 빛을 발하는 발광성운 등이 있다.

우주의 시한폭탄은 어떤 별?

풍선이 계속해서 부풀어 오르면 어떻게 될까? 당연히 언젠가는 터져버린다. 이렇게 풍선처럼 지금 당장에라도 터져버릴 것 같은 상태 때문에 주목받는 별이 있다. 그 별의 이름은 에타 카리나. 질량이 태양보다 약 120배나 되는 별로, 별의 모습을 유지할 날이 얼마 남지 않은 위험한 별이다.

에타 카리나는 지구에서 약 7,500광년 떨어진 남십자자리 근처 용골자리에 있다. 그래서 용골자리 에타별이라고도 부른다. 이 별은 약 150년 정도 전에 폭발을 일으켰는데, 전부 파괴되지는 않았다. 지금도 그때의 흔적인 가스를 흩뿌리고 있어 이 별의 주위는 온통 가스로 뒤덮여 있고, 에타 카리나도 자신이 만든 가스에 모습이 가려져 뚜렷이 보이진 않고 있다. 에타 카리나와 가스를 뒤집어 쓰고 있는 주위의 별들을 모두 합쳐, 에타 카리나성운이라고 부른다.

한때 에타 카리나는 계속해서 너무나 많은 양의 에너지를 방출하고 있기 때문에 폭발하지 않고 수명을 다할 것이라고 여겼었다. 그러나 지난 10년 동안 초속 약 240만 킬로미터의 속도로 팽창하면서, 태양보다 더 많은 에너지를 방출했는데도 여전히 약해지지 않았다. 아마도 에타 카리나는 나중에 초신성 폭발을 일으키며 사라져갈 것으로 보인다. 그때가 되면 인류는 우주 관측사상 최대의 폭발을 목격하게 될 것이다.

초신성의 폭발은 과연 위험하기만 한 걸까?

태양보다 질량이 훨씬 큰 에타 카리나 같은 거성은, 훗날 초신성 폭발 시 태양의 몇백 억 배나 되는 에너지를 방출하고 결국 중성자별이나 블랙홀로 변한다.

이때 '중성자별'이란, 지름이 10킬로미터 정도임에도 불구하고 1세제곱센티미터당 10억 톤 이상의 질량을 가진 별이다. 이 중성자별로 된 모래 한 알이 있다면, 그 무게가 무려 100만 톤 이상은 될 것이다.

그리고 중성자별보다 질량이 무겁기 때문에 자기 자신의 무게에 찌부러져버려 암흑공간이 된 것이 블랙홀이다. 에타 카리나는 아마도 가스를 흩뿌린 끝에 마지막으로 주변의 모든 별을 삼켜버리는 블랙홀로 모습을 바꿀 것이다.

이렇게 말해놓고 나니, 초신성 폭발이 마치 우주의 재앙처럼 들린다. 그러나 초신성 폭발은, 폭발 전 별 내부에서 핵융합반응에 의해 만들어졌던 다양한 원소들을 성간가스의 형태로 우주공간에 분산시키는 역할을 한다. 이러한 성간가스들은 우주공간 속에서 새로운 별을 만드는 재료가 되는 것이다. 또한 초신성 폭발 이후 블랙홀이 되어버렸다면, 어디선가 또 다른 은하의 중심역할을 하게 될지도 모른다. 이렇듯 초신성의 폭발은 우주를 새롭게 변화시키는 역할을 하는

것이다.

참고로 초신성은 절대등급이 아주 밝기 때문에 은하들의 거리측정에서 기준점으로 사용되기도 한다.

우주에서 제일 더운 별은?

"한낮의 기온이 올해 들어 최고치를 기록하였습니다." 무더운 여름철이 되면 자주 들려오는 기상캐스터의 말이다. 그렇다고 해도 지구 수준에서 말하는 '더위'는 고작 40도 정도다. 우주에서 이 정도 더위는 더위 축에도 낄 수 없다.

먼저, 별이 가장 뜨거울 때는 초신성이 폭발하는 순간이다. 질량이 태양의 10배 이상인 별이 죽음을 맞이하는 순간에 일어나는 초신성 폭발은 그 순간에 방출되는 에너지가 실로 엄청나서 태양 100억 개와 맞먹는 것도 있다. 그렇지만 이것은 어디까지나 순간적이다.

그럼 알려진 것 중 지속적으로 표면온도가 가장 높은 별은 무엇일까? 그 별은 육안으로도 볼 수 있다. 바로 지구의 1,500광년 너머에서 푸르스름하게 빛나고 있는 나오스다. 나오스의 지름은 태양의 약 20배로 고물자리에 있는 2등성이다. 고물자리는 남반구에서만 볼 수 있는 별자리이기 때문에 유감스럽게도 우리나라에서는 보이지 않는다.

나오스의 표면온도는 4만 2,000도 이상이라고 한다. 이것은 태양 온도의 약 7배. 질량도 태양의 약 60배에 이르며, 육안으로 볼 수 있는 항성 중에서는 최고온도를 자랑한다.

나오스는 약 400만 살로, 몇백 억 년씩 사는 별들에 비하면 갓 태어난 어린 별일 수도 있다. 하지만 자신의 큰 질량을 지탱하기 위해 소비되는 에너지가 엄청나기 때문에 수명은 500만 살 정도일 거라고 예상된다. 결국, 앞으로 100만 년 정도밖에 살지 못하는 별이다.

액체질소보다 더 차가운 천체가 있다?

지구상의 관측사상 최저기온은 남극에서 기록된 영하 89.2도. 영하 80도라면 거의 드라이아이스와 비슷한 정도다. 이보다 더 차가운 물질을 찾아보자면 액체질소를 들 수 있다. 이 액체질소에 꽃잎이 닿으면 순식간에 얼어서 부서져 버린다. 또한 살아 있는 금붕어를 액체질소에 넣으면 급속도로 냉동되는데, 이 금붕어를 다시 따뜻한 물에 넣으면 살아나 다시 움직이게 된다. 마치 공상과학영화의 냉동인간을 보고 있는 것 같은 이 현상은, 액체질소가 너무 차가워 급속냉동이 가능하기 때문이다. 이런 급속냉동을 가능하게 하는 액체질소의 온도는 영하 196도에 이른다.

그렇다면 사물을 급속도로 얼려버리는 액체질소보다 더 차가운 것이 과연 존재할까?

그곳은 바로 부메랑성운. 지구에서 약 5,000광년 떨어진 곳에, 황소자리 방향으로 푸르스름한 빛을 띠는 행성상성운이 있다. 그 모양이 부메랑처럼 구부러져 있다고 해서 붙여진 이름인데, 자그마치 그 온도가 영하 272도나 된다.

이 온도는 우주의 평균온도 영하 270도보다도 낮은 것으로, 현실 속에 우주 평균온도보다 낮은 곳이 존재하리라고는 쉽게 상상할 수 없는 일이었다.

참고로 이 세상에는 아무리 내려가도 더 이상 내려갈 수 없는 온도가 존재한다. 세상의 그 어떤 움직임도 없는, 그래서 아무런 열도 발생하지 않는 절대적인 온도가 영하 273도다. 그래서 영하 273도를 절대온도(0K)라 부른다. 바로 이 절대온도보다 단 1도 높은 것이 부메랑성운이라는 얘기다.

부메랑성운의 온도는 어째서 그렇게 낮은 걸까? 그 원인은 바람이다. 강렬한 기세로 부는 바람 때문에, 부메랑성운의 중심 부근은 1년간 태양의 약 1,000분의 1에 해당하는

질량을 계속 잃어가고 있다. 그렇게 1,500년간 꾸준히 감소해, 지금은 태양의 약 1.5개분에 해당하는 질량을 잃었다. 성운의 중심에서 터져 나오는 에너지가 가스 바람이 되어, 시속 50만 킬로미터의 기세로 성운 사이를 거칠게 불어댄다. 속도는 1시간에 지구를 약 12바퀴나 돌 정도이다. 만약 이만한 힘의 태풍이 덮친다면 지구는 순식간에 얼어붙을 것이다. 이 바람으로 인해 부메랑성운은 우주 평균온도보다 낮은 온도를 갖게 된 것이다.

별무리로 시력검사를 할 수 있다?

별은 주로 태양계나 은하처럼 집단을 이루고 있다. 이 별들의 집단을 설명할 때 빠질 수 없는 것이 바로 성단이다. 성단은 종종 같은 별의 집단인 은하와 비교되는데, 은하와 다른 점은 은하보다 단위가 훨씬 작다는 점이다. 그리고 태어난 시기가 각자 다른 별의 무리인 은하와 달리 성단의 별들은 대부분 비슷한 시기에 태어난다.

이 성단 중 수만 개에서 많게는 백만 개 정도의 항성이 공 모양으로 모인 집단을 '구상성단'이라고 한다. 구상성단은 우리은하에 약 500개 정도 있을 것으로 추측되며, 100억 살 이상의 늙은 천체일 것으로 보인다.

성단에는 '산개성단'이라고 불리는 성단도 있는데, 산개성단은 구상성단과는 달리 별들이 불규칙하게 모여 있다. 우리은하에 약 2만 개 정도 있을 것으로 추측되는 산개성단은, 특히 막 태어난 젊은 별들이 모여 있다.

산개성단에서 가장 유명한 것은 플레이아데스성단이다. 1월 초, 저녁 7시쯤에 동쪽 하늘을 바라보면 오리온자리 윗부분에서 별무리를 발견할 수 있다. 플레이아데스성단은 옛날에 시력검사용으로 사용되었던 적도 있다. 별이 5개밖에 안 보이면 눈이 별로 좋지 않은 것이고, 6개가 보이면 정상

시력(시력 1.0)이라고 한다. 물론 7개가 보이면 눈이 아주 좋은 것이다(시력 2.0). 이번 겨울에는 플레이아데스성단을 찾아보면서 자신의 시력도 한번 확인해보는 것은 어떨까?

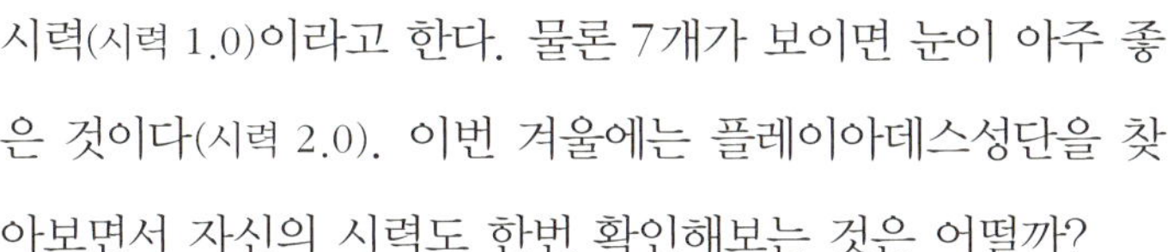

구급차가 삐뽀삐뽀 하고 가까이 다가왔다 우리 옆을 지나쳐 멀어져가면, 소리가 고음에서 저음으로 변한다. 이것이

'도플러 효과'이다. 음은 공기의 진동이 물결이 되어 고막으로 전달될 때 우리가 알아듣게 된다. 구급차가 가까이 올 때, 음의 파장은 짧아지고 파장이 짧으면 높은 음으로 느껴진다. 반대로 구급차가 멀어져갈 때는 파장이 길어져서 낮은 음이 된다.

빛도 음과 똑같이, 물결의 성질을 가지고 있어서 파장에 따라 색이 결정된다. 도플러 효과가 빛에도 적용되는 것이다. 어떤 별이 고속으로 지구에 점점 가까워지고 있다면, 빛의 파장은 짧아진다. 그러면 빛은 푸른빛을 띠게 된다. 반대로 고속으로 멀어져가고 있으면 파장은 길어진다. 즉, 붉은

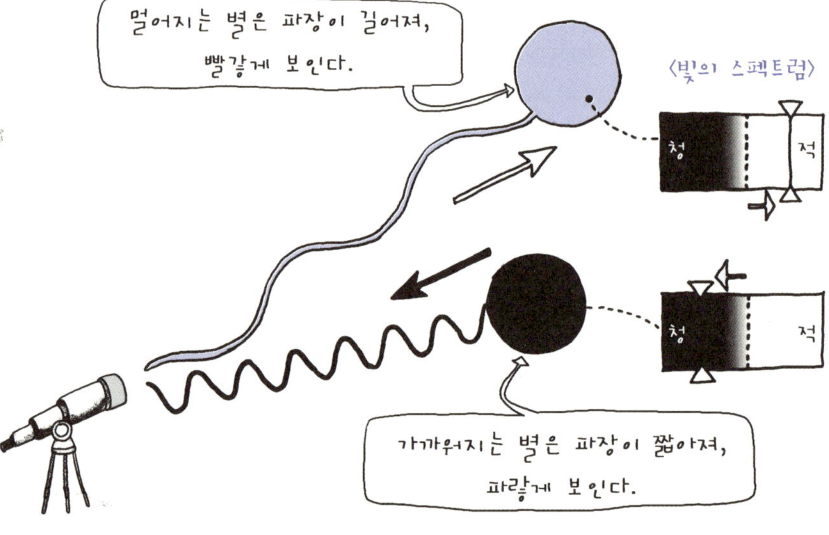

빛이 되는 것이다.

결국 별빛이 어떤 색으로 변하는지를 알면 그 별이 지구에서 멀어지는지, 아니면 가까워지는지를 알 수 있다.

연주시차로 어떻게 별의 거리를 잴까?

별까지의 거리를 측정하는 데 자주 이용되는 것 중 하나가 연주시차다. 연주시차는 관측하는 사람이 서로 다른 위치에서 한 물체를 보았을 때, 달라지는 각도의 차이를 말한다. 도대체 이 차이를 가지고 어떻게 별의 거리를 측정한다는 얘기일까?

그림에서처럼 지구는 태양의 주위를 공전하고 있기 때문에, 1월에 별을 측정할 때와 달리 반년 후인 7월에 별을 측정할 때는 지구의 위치가 정반대로 바뀌게 된다. 1월에 측정한 것과 7월에 측정한 것을 비교해보면, 아주 먼 별(보통 이것을 배경별이라고 한다)은 거의 변함이 없어 보여도 비교적 가까운 거리에 있는 (가)별과 (나)별의 경우, 배경별에 비해 그 위치가 변해 보인다.

예를 들어 지구가 왼쪽으로 이동했다면 그 별은 배경별에

비해 다소 오른쪽으로 이동해 보인다는 말이다. 바로 이 차이를 가지고 거리를 파악하는 것이 별의 연주시차 계산법인 것이다.

이제 다시 그림으로 돌아가서 태양과 지구와 별의 관계를 보면 연주시차 반만큼의 각도를 가진 직각삼각형이 형성되어 있는 것을 볼 수 있다. 제일 가까운 (가)별은 비교적 큰 각도를 가진 직각삼각형을 이루고 있다. 반면 먼 (나)별의 경우는 아주 작은 각도를 가진 직각삼각형을 이루게 된다. 이는 연주시차가 큰 별은 가까운 별이고, 연주시차가 작은 별은 먼 별이라는 것, 연주시차가 거의 없는 것은 상당히 먼 별이라는 점을 설명해주기도 한다.

이렇게 구한 연주시차의 각도를 토지 측량 등에 사용되는 삼각측량법을 응용해 거리를 구하면 된다. 다시 말해 직각삼각형의 한 밑변을 알고, 한 꼭지점의 각을 안 상태에서 빗변의 길이를 구하는 원리와 같다. 우리는 지구와 태양과의 거리(1AU)를 이미 알고 있기 때문에 의외로 이 거리는 쉽게 구할 수 있다. 참고로 연주시차 각도가 1초(3,600분의 1도)일 때의 별의 거리를 '1파섹'이라고 하며, 1파섹은 3.26광년이다.

연주시차는 비교적 쉽게 별의 거리를 측정할 수 있는 장점이 있어서 많이 사용된다. 그러나 대개 천체의 경우 매우 멀

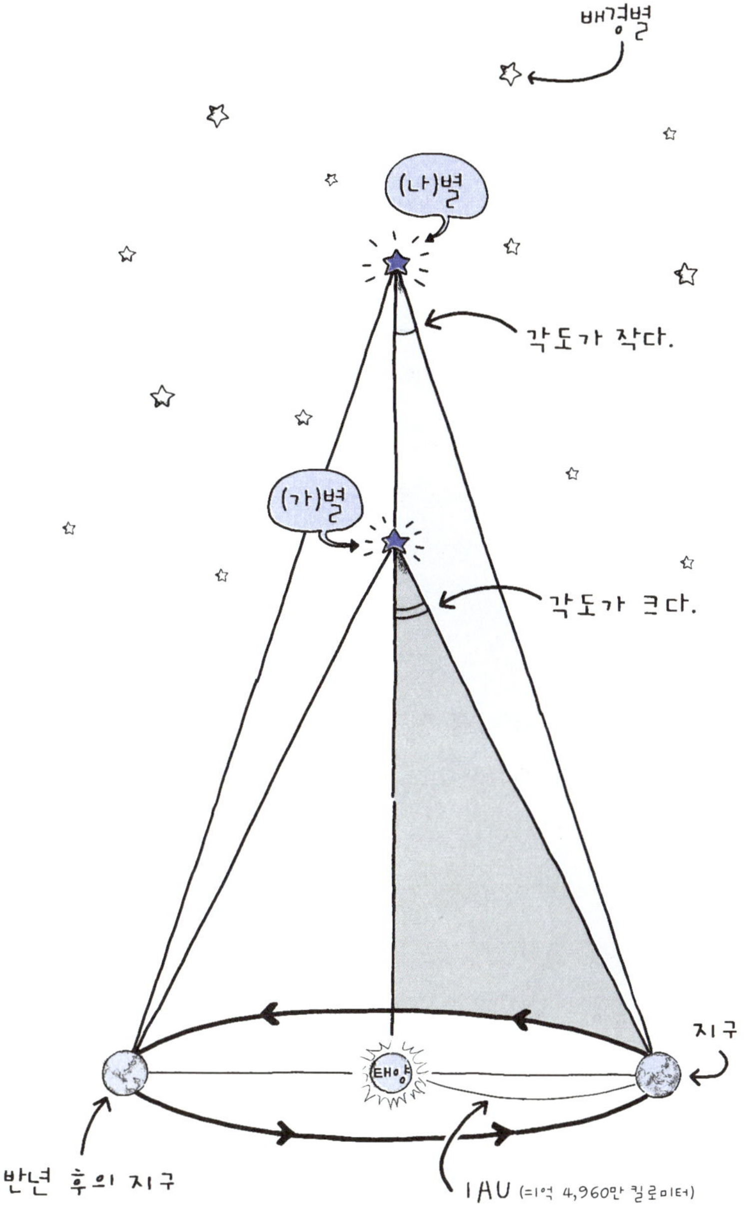

배경별
(나)별
각도가 작다.
(가)별
각도가 크다.
지구
반년 후의 지구
IAU (=1억 4,960만 킬로미터)
태양

리 있어 연주시차가 거의 없는 것처럼 보이기 때문에, 연주시차로 측정할 수 있는 별은 그리 많지 않다.

별똥별에 대한 여러 기록들! 21세기에 유성우를 보려면?

별똥별을 향해 소원을 빌면 소원이 이루어진다고 한다. 별똥별 하나에 소원 하나씩. 그렇다면 별똥별이 매일 떨어지는 것도 아닌데, 빌어야 할 소원이 많은 사람은 어떻게 해야 하나?

아마도 이런 사람에겐 유성군이나 유성우가 제격일 것이다. 유성군은 1시간에 10여 개의 유성(별똥별)이, 유성우는 수십 개의 유성이 밤하늘에 떨어지는 현상이다. 특히 페르세우스자리 유성우, 쌍둥이자리 유성우, 용자리 유성우는 3대 유성우라 불리며, 수많은 별똥별들로 밤하늘을 수놓는다.

1833년에는 북미를 중심으로 사자자리 유성우가 대량으로 관측되었는데, 당시 사람들은 '온 세상에 불이 났다'며 당황했었다고 한다. 사자자리 유성우는 1988년과 2002년에도 활동이 활발했기 때문에 본 사람도 꽤 있을 것이라 생

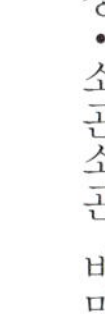

각한다.

'나도 유성우를 보고 싶다!'라고 생각하는 분에게 귀가 솔깃한 정보가 있다. 21세기에도 1833년처럼 많은 양의 별똥별을 볼 수 있다. 그것은 자코비니 유성우로, 1시간에 수천 개의 별똥별이 쏟아져 내릴 것으로 예측된다. 그렇다곤 해도 아직 먼 2098년의 이야기이다. 그때까지 살아서 관측할 수 있을지 모르겠지만, 그전에 돌발적으로 다른 유성우를 볼 수 있을 가능성도 있으니 기대해보자.

CHAPTER 6

알면 알수록 궁금한 우주의 수수께끼

우주의 온도는 몇 도?

먼저 '온도'가 무엇인지 생각해보자.

물질은 수많은 분자로 이루어져 있다. 모든 분자는 운동을 하며, 그 운동에너지가 곧 온도가 된다. 온도가 높다는 것은 분자가 활발히 운동하며 분자끼리의 충돌이 빈번히 일어난 결과라 할 수 있다.

반대로 분자가 충돌하지 않는 곳, 즉 물질이 없는 곳은 온도가 없는 것과 같다.

그렇기 때문에 물질이 거의 존재하지 않는 진공의 우주공

간은 분자운동이 정지되고, 에너지가 거의 없는 상태가 된
다고 할 수 있다. 결국 그 이하는 온도가 존재하지 않는다고
보는 것이다. 바로 아무것도 없어서 운동이 최저인 상태의
온도가 절대온도 0K로, 섭씨로는 영하 273도에 해당한다.

하지만 우주에는 근소하나마 온도가 있다. 그래서 우주공
간의 평균온도는 절대온도 0K가 아닌 3K(영하 270도) 정도
로 측정된다. 그렇다 해도, 생명이 존재할 수 없는 극한의
세계이기는 마찬가지다.

우주는 왜 0K가 아닐까?

우주공간의 온도는 어떻게 측정할 수 있을까?

물질은 온도에 따라 전파와 빛을 내뿜는다. 높은 온도의
물질에서는 짧은 파장의 전자파가, 낮은 온도의 물질에서는
긴 파장의 전자파가 나온다. 이를 이용해 천체에서 발하는
전자파의 파장으로 온도를 잴 수 있다. 그리고 이를 이용해
우주공간의 온도를 잰 결과, 3K(영하 270도)임을 알아낸 것
이다.

그렇다면 우주공간은 완전히 진공상태가 아닌, 어느 정도

파장이 있다는 말이 된다. 그렇기 때문에 절대온도가 0K가 아닌 3K인 것이 아닌가?

우주는 사실 약 3K의 온도를 가진 우주배경복사로 가득 차 있다. 1965년 미국 벨 연구소의 아르노 펜지아스와 로버트 윌슨은 우주의 모든 방향에서 전파가 똑같이 뻗어나가고 있다는 사실을 발견했는데, 이것이 우주배경복사다. 재미있는 것은 이것이 우주의 시작인 빅뱅의 흔적이라고 한다. 마치 엄청나게 뜨거웠던 엔진이 식더라도 그 주변에 여열이 남아 있는 것처럼, 빅뱅의 순간에 발생한 엄청난 열과 빛의 파장들이 우주배경복사의 마이크로 복사파와 같은 형태로 우주 곳곳에 퍼져 있다는 것이다.

우주가 가장 뜨거웠던 순간은?

우주 역사에서 가장 뜨거웠던 순간은 언제였을까? 아마도 태초에 우주를 탄생시킨 빅뱅이 일어났을 때일 것이다. 빅뱅의 순간, 우주의 온도는 무한대에 가까울 만큼 뜨거웠다. 팽창됨과 동시에 온도가 내려가 양성자와 중성자가 생길 때의 온도조차 1조 도라고 하니, 빅뱅 때 우주의 열은 상상조

차 할 수 없을 정도로 뜨거웠다.

그다음으로 뜨거운 순간은 역시 초신성 폭발일 것이다. 빅뱅의 순간은 이론 속에 존재하는 너무나 머나먼 옛날의 이야기라면, 초신성 폭발이야말로 현실에서도 관찰할 수 있는 가장 뜨거운 순간이라 할 수 있다. 초신성은 본래 질량이 태양의 10배 이상 되는 별들만이 사라지기 직전 최후의 순간에 일으키는 폭발이다. 그런 만큼 거대한 폭발이 일어날 수밖에 없는데, 보통 태양 100억 개분과 맞먹는 열을 발산한다고 한다.

지구를 전멸시킬 수 있다는 대량의 핵무기 폭발도 빅뱅의 순간과 초신성 폭발의 순간에 비하면, 눈에 든 티끌보다도 작은 폭발에 불과하다. 인간에게 무한한 힘을 주는 과학마저도, 거대한 우주 앞에서는 한없이 작아질 수밖에 없는 것이다.

스타더스트 호는 왜 우주먼지를 모을까?

우주에서는 하찮은 먼지도 매우 소중하다. 태양같이 큰 별도 우주먼지와 가스가 모여서 만들어진 것이다. 우주먼지는 소행성과 혜성의 잔해들이기도 하다. 이러한 이유로 우주먼지에는 우주에 대한 많은 정보가 담겨져 있다.

1999년 미국항공우주국에서는 우주먼지를 채집하기 위해 탐사선을 발사했다. 이 우주탐사선 이름은 말 그대로 스타더스트 호다. 와일드2혜성에 접근해 에어로젤이라는 특수 물질이 붙어 있는 채집기를 펼쳐서 혜성에서 쏟아지는 여러 입자를 모으는 것이 스타더스트 호의 임무였다. 성공적으로 임무를 수행한 스타더스트 호는 2006년 1월, 지구로 돌아와서 미국 유타 주의 사막에 와일드2혜성의 먼지를 담은 캡슐을 떨어뜨렸다.

지구에 접근하는 혜성의 정체를 알아내기 위해 시작한 우주먼지 연구지만, 머지않아 우주가 처음 생길 때의 모습을 알아내는 데까지 연구를 발전시킬 계획이다.

스타더스트 호가 발견한 먼지에서는 과연 어떤 결과가 나올까? 우주먼지의 비밀이 밝혀질 그때를 기대해보자.

블랙홀은 어떻게 발견했을까?

암흑의 천체 블랙홀을 아는가?

블랙홀은 뭐든지 먹어 치우는 무시무시한 천체다. 이 사실을 아는 사람은 많지만 블랙홀이 정확히 어떤 존재고 어떻게 발견할 수 있었는지를 아는 사람은 별로 없다. 과연 블랙홀을 어떻게 발견한 걸까?

블랙홀은 질량이 무한대라 할 정도로 한 점에 압축된 천체로, 중력도 무한대라서 모든 것을 집어삼켜 버린다. 그리고 한 번 빨려 들어가면 절대 거기서 빠져나올 수 없다. 그것은 초속 30만 킬로미터의 속도를 가진 빛도 예외가 아니다. 블랙홀은 빛조차 삼켜버리기 때문에 당연히 눈으로 볼 수 없

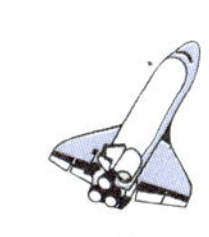

고, 늘 어둠에 싸여 있다.

　어찌 보면 도저히 발견할 수 없는 상태였지만, 다행히 별이 블랙홀로 빨려 들어갈 때 흔적을 남긴다는 사실을 발견했다. 별은 빨려 들어갈 때 최후의 발악이라도 하듯 주위에 강력한 엑스선을 뿌린다. 그 엑스선을 관측함으로써 비로소 블랙홀의 존재를 확인할 수 있게 되었다.

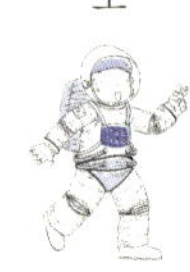

무엇이든 밖으로 내보내는 화이트홀이 있다?

뭐든지 빨아들이는 블랙홀이 있다면 뭐든지 밖으로 내보내는 '화이트홀'도 있지 않을까?

과학자들은 블랙홀의 존재에 호기심을 느끼며 그 반대의 존재에 대해서도 상상했다. 그들은 그 존재의 이름을 '화이트홀'이라 짓고 블랙홀과 화이트홀이 '웜홀'이란 통로로 연결되어 있다고 생각했다. 웜홀은 '벌레 구멍'이라는 뜻인데, 블랙홀에서 화이트홀을 지나면 시간여행이 가능할 것이라고 생각했다.

그러나 화이트홀이나 웜홀은 아직 이론상으로만 존재하는 개념이다. 한때는 화이트홀과 웜홀이 상당한 설득력을 얻었지만, 이 이론을 의심하는 사람이 늘어나기 시작하면서 지금은 상상 속의 이야기가 되어버렸다.

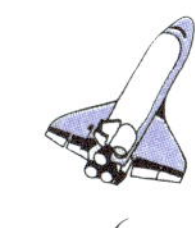

블랙홀을 빨아들이는 블랙홀이 존재한다?

최근 우리은하를 비롯한 몇 개 은하의 중심에는 초거대 블랙홀이 있다는 사실이 밝혀졌다. 그러나 초거대 블랙홀이 탄생한 경위는 아직도 신비에 싸여 있다. 과연 초거대 블랙홀은 어떻게 생겨났을까?

하나의 가설에 불과하긴 하지만 블랙홀끼리 충돌 및 합체를 반복해서 형성되었다는 설이 있다.

은하와 은하가 충돌하거나 합체되면 은하 내에 있던 성운들이 충돌한다. 별의 재료가 되는 성운의 가스와 먼지들이 서로 충돌을 일으키면, 마치 폭죽이 터지듯이 한꺼번에 별들이 탄생하게 된다. 이를 스타버스트(폭발적 별 형성)라고 한다. 이 스타버스트가 발생하면서, 여기저기에 별들이 집중적으로 모여 있는 성단들이 대량으로 만들어지게 된다.

밀집한 별 중에서 인력의 영향으로 인해 질량이 무거운 별은 자연스레 성단의 중심으로 모인다. 중심으로 모여든 무거운 별은 합체가 시작되고 굉장히 무거운 별이 탄생한다. 별은 질량이 무거울수록 수명이 짧기 때문에 이때 탄생한 무거운 별들은 금방 죽음을 맞이하고 블랙홀이 된다.

그럼, 이런 상태의 블랙홀이 은하 중심에 있는 초거대 블랙홀일까? 천만의 말씀! 그것은 계속해서 성장한다.

성단 중심에 만들어진 블랙홀은 주위의 별이나 가스를 빨아들여 결국엔 태양보다 질량이 수천 배나 되는 블랙홀로 변한다. 주위에 있는 대부분의 성단에서도 비슷한 현상이 일어나기 때문에, 다른 성단의 중심부에도 태양의 수천 배 정

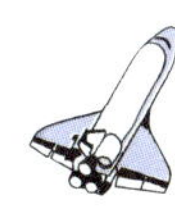

도 질량의 블랙홀이 생긴다.

더욱이 중심부에 블랙홀이 생긴 성단은 무거운 성단부터 은하의 중심으로 모이게 되는데, 그 와중에 가벼운 별들은 몽땅 블랙홀의 먹이가 되어버린다. 은하의 중심에 가까워지면서부터는 순수한 블랙홀만 모이고 그 블랙홀들이 합체를 시작한다. 최종적으로 모든 블랙홀이 합체해서 은하 중심에 초거대 블랙홀이 탄생하게 된다.

물론 이 설명은 하나의 가설에 불과하다. 그러나 현재 가장 많이 설득력을 인정받는 가설이다. 우주라는 이름의 신비한 베일에 둘러싸인 초거대 블랙홀의 탄생 경위는 은하나 우주 탄생의 경위와도 관련되어 있을지도 모를 일이다.

지구를 블랙홀로 만들 수 있다?

신비롭고 무시무시한 천체 블랙홀. 빛조차 빨아들이는 블랙홀을 증명하기까지 많은 사람들의 피나는 연구가 있었다. 1783년 영국의 철학자 존 미첼이 처음으로 블랙홀이 존재할 수 있다는 아이디어를 발표한 이후로 많은 과학자들이 블랙홀의 존재를 증명해내기 위해 노력했다. 그중 블랙홀을 증명해내는 데 결정적인 공헌을 한 사람으로 두 사람을 꼽는다. 바로 아인슈타인과 슈바르츠실트다.

1915년, 아인슈타인은 중력에 의해 공간이 휘어질 수 있다는 일반상대성 이론을 발표해서 블랙홀 발견의 근거를 마련했다. 그 후 1916년, 슈바르츠실트는 블랙홀에 아인슈타인의 일반상대성 이론을 적용한 중력방정식을 적용했다. 이 중력방정식으로 블랙홀의 크기를 예측할 수 있었다. 이때 방정식으로 얻어낸 블랙홀의 반지름을 '슈바르츠실트 반지름'이라고 한다.

　재미있는 사실은 이 방정식을 이용하면 천체를 얼마나 압축할 때 블랙홀이 될 수 있는지 계산할 수 있다는 것이다. 즉, 이론상으로 일정 크기 이상의 천체는 압축만 할 수 있다면 블랙홀이 될 수 있다. 그렇다면 우리가 사는 지구를 블랙홀로 만들려면 어느 정도까지 압축해야 할까?

　지구를 블랙홀로 만들려면, 손바닥보다 작은 크기로 압축해야 한다. 그것도 한 변의 길이가 1센티미터인 주사위 크기까지 압축했을 때만, 블랙홀이 될 수 있다고 한다.

또한 그렇게 된다면 이 작은 주사위의 무게가 지구의 무게와 같게 된다는 뜻이기도 하다. 결국 이 주사위를 만들 수 있다 하더라도, 안타깝지만 아무도 들 수는 없을 것이다.

정체불명의 천체가 있다?

멀리 있어서 정체가 알려지지 않은 천체 중 가장 유명한 것은 바로 퀘이사다.

지구에서 100억 광년 이상 떨어진 먼 곳에 있는 퀘이사는 신기하게도 항성과 비슷한 밝기와 크기로 관찰된다고 한다. 이런 현상은 퀘이사가 엄청난 에너지를 뿜어내지 않는다면 결코 불가능한 것이다. 보통의 항성이라면 이 정도 거리면 스스로가 발산하는 빛이나 전파가 지구에 제대로 닿지 않아 거의 보이지 않거나 측정되지 않을 것이기 때문이다.

퀘이사의 밝기와 크기를 거리와의 관계를 통해 계산해 보면, 퀘이사 하나가 우리 은하계만 한 은하 100개 내지 1,000개의 밝기를 가지고 있다는 결론이 나온다.

이 수백, 수천 개의 은하를 합친 밝기를 가진 퀘이사는 그 중심에 초거대 블랙홀이 있다고 추정되고 있다. 퀘이사가 엄청나게 먼 곳에서 빛나고 있기 때문에, 한때 정확한 관측이 어려워 정체불명의 전파로도 여겨졌었다. 그러나 현재는 우주 생성 초기에 생겨난 천체라는 의견이 지배적이어서, 우주의 기원을 찾는 데 중요한 역할을 하는 천체로 알려지게 되었다.

머나먼 우주에 숨어 있는 끝없는 비밀. 지금도 그 연구와 조사가 활발하게 진행 중이다.

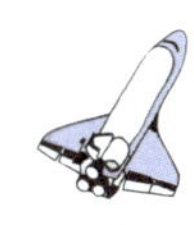

우주에 대해 인간은 얼마나 알고 있을까?

아무리 천문학이 발달했다지만, 지금도 우주에 대해 인류가 알고 있는 것은 극히 일부에 지나지 않는다. 그리고 현대 과학이 풀지 못한 우주의 숙제 중 가장 대표적인 것이 바로 암흑 에너지다. 이론상으로 우주의 74퍼센트를 차지한다는 사실은 알려졌지만, 그 외에는 대부분이 수수께끼인 채로 남아 있는 정체불명의 에너지다.

또한 암흑 에너지 이외의 우주의 나머지 22퍼센트는 암흑물질이라고 하는 신비의 물질로 이루어졌다고 알려져 있다. 암흑물질 역시 암흑 에너지와 마찬가지로 좀처럼 알 수 없는 수수께끼에 싸여 있는 물질이다.

암흑 에너지 74퍼센트, 암흑물질 22퍼센트, 결국 이 둘만 합쳐도 벌써 96퍼센트이다. 사실 우주는 거의 모두가 알 수 없는 에너지와 알 수 없는 물질들로 채워져 있는 것이다.

만물의 영장이라고 자랑하고 있는 인간이 우주에 대해 알고 있는 것은 고작 우주에 대한 지식 중 4퍼센트에 지나지 않는다.

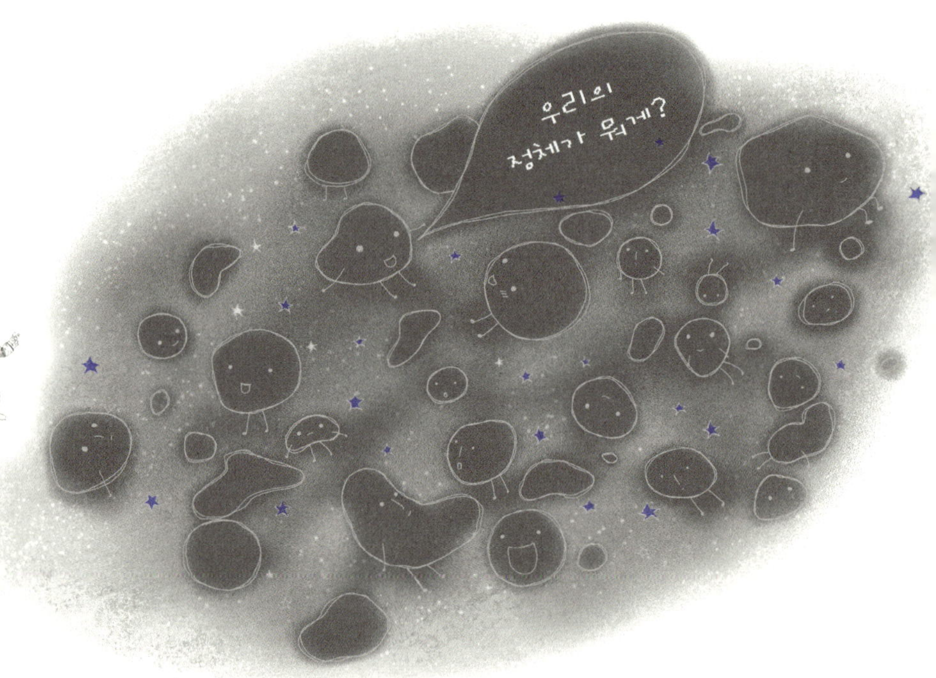

우주 밖에는 무엇이 있을까?

우주의 끝은 어떤 모습일까? 지평선 너머로 여전히 육지와 바다가 펼쳐지는 지구처럼, 인류가 우주의 끝이라고 생각한 곳에도 여전히 우주공간이 펼쳐져 있을 것이다. 그럼 그 밖은 어떤 모습일까? 당연히 이런 의문도 생길 것이다.

공간적으로 생각해보면, 언젠가는 물리적으로 진정한 끝이 존재할 것이 분명하다. 그 '진정한 끝'의 밖은 현재 과학으로서는 알 수 없는 것이 현실이다.

그럼 시간적으로 '우주의 시작'은 언제일까? 많은 사람들이 당연하다는 듯, 빅뱅을 말할 것이다. 그러나 그 순간, 필연적으로 그다음 질문이 따라올 수 있다. 그럼 빅뱅이 일어나기 전에는 무엇이 있었나? 이에 대해서는 '알 수 없다'가 정설이다. 몇몇은 우주가 '무'에서 탄생했다고 주장하기도 한다. 공간적인 우주의 '진정한 끝'의 바깥도 일단은 '무'라고 생각할 수밖에 없다는 것이다. 어차피 우주에 관련된 이야기들은 대부분 수수께끼투성이다.

우주가 끝도 없이 팽창해온 것처럼 끝도 없이 문명을 발전시켜온 인류지만, 우주의 진정한 끝에 관해서는 '정말로 알 수 없다'는 것만이 확실한 대답이라니 애석할 따름이다.

우주에서는 여전히 우리들이 쉽게 상상할 수 없는, 우리의

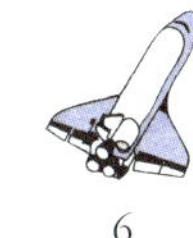

귀를 의심할 만한 현상들이 일상적으로 일어나고 있다.

우주는 알 수 없는 신비로 둘러싸여 있다. 우주의 끝이나 우주의 탄생 전의 모습, 암흑 에너지, 블랙홀, 지구와 같은 환경을 지닌 별의 유무, 지구 외 지적 생명체의 존재……. 이런 것들뿐 아니라 우리와 가장 가까운 천체인 달조차도 모르는 것투성이다.

하지만 오히려 그렇기 때문에 이 광대한 우주는 무궁무진한 매력으로 넘치고 있다고 할 수 있다.

우주의 미래는 과연 어떻게 될 것인가?

지금까지 우주는 계속 팽창해왔다고 한다. 그렇다면 우주는 앞으로도 계속해서 팽창할까?

현재, 이론상으로는 우주의 미래는 세 가지의 가능성이 있다고 한다.

첫째, 점차 팽창속도가 느려지면서, 어느 순간 반전하게 되어 고온 고밀도 상태의 옛날 우주로 돌아간다는 것이다. 이때 우주가 탄생한 것을 '빅뱅'이라고 부르는 것처럼, 옛날로 되돌아가는 것을 '대붕괴'라고 부른다.

둘째, 팽창은 계속되지만 그 속도는 점점 늦어질 것이라는 이론이다.

마지막으로, 앞으로도 이대로 영원히 팽창을 계속할 것이라는 이론이 있다.

이 중 어떤 것이 좀 더 설득력이 있는 이론일까?

우주의 미래를 생각할 때 빠뜨릴 수 없는 요소가 암흑 에너지다. 왜냐하면 암흑 에너지는 중력을 거슬러 우주가 더 빨리 팽창하도록 하기 때문이다. 바로 최근까지만 해도 이 암흑 에너지가 우주팽창에 어느 정도의 영향을 끼치는지 제대로 알지 못했기 때문에, 우주의 미래도 전혀 예측할 수 없었다. 그러나 나사(NASA)가 쏘아 올린 WMAP위성의 관측

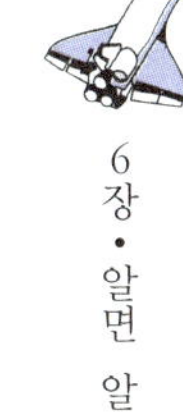

을 통해 암흑 에너지가 우주의 74퍼센트를 차지하고 있다는 사실이 밝혀졌다. 그 결과 우주의 나이가 137억 살이라는 사실이 분명해졌고, 우주의 미래가 거의 확정되었다. 아무래도 우주는 영원히 팽창을 계속할 운명인 것 같다.

신나고 유쾌한 우주여행의 수수께끼

우주복은 추위만 막아준다?

우주공간의 온도는 절대온도 3K(영하 270도). '그래서 선외활동을 하는 우주비행사가 따뜻해 보이는 두툼한 우주복을 입고 있는 건가' 하고 생각하는 사람도 있을 것이다. 그러나 꼭 그런 것만은 아니다. 우주복은 저온뿐 아니라 고온에서도 우주비행사를 지켜주게끔 설계된 것이다.

일반적인 우주공간에 비해, 태양계 내 우주공간에는 초속 수백 킬로미터의 태양풍과 우주선(宇宙線, 태양에서 방출되는 방사선) 등이 교차한다. 따라서 태양계 내 우주공간의 온도는 일반적인 우주공간보다 더 높은 절대온도 90K(영하 180도)

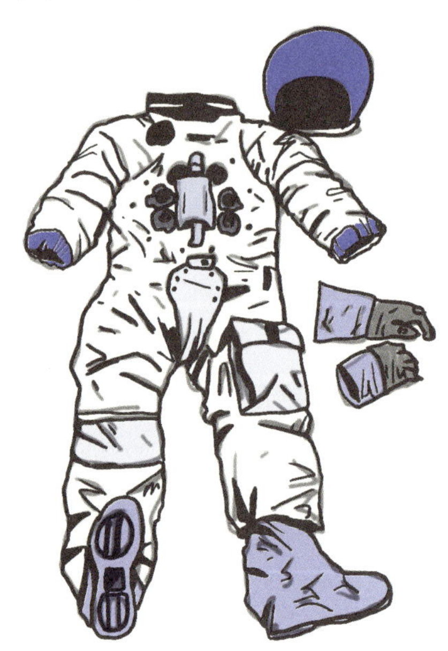

정도가 된다. 특히 태양빛을 직접 쬐는 곳에서는 그 온도가 급상승하여 고온이 된다.

우주비행사들이 선외활동을 할 때 우주선이 지구 주위를 약 90분 동안 일주하게 된다. 이때 태양빛을 쬐는 45분간은 약 150도라는 엄청난 고열에 노출되며, 지구의 그림자에 들어가는 45분간은 약 영하 120도까지 내려가게 된다. 90분 안에 270도라는 엄청난 온도차를 견뎌야 하기 때문에 우주복은 고온과 저온에 모두 강해야 한다.

우주복은 최고급 의류?

혹독한 열 환경은 물론, 진공상태와 우주의 먼지 등으로부터 우주비행사의 몸을 지켜주면서, 동시에 습도 유지, 산소 공급, 이산화탄소 제거 등 생명활동에 필요한 것들을 제공해주는 것이 우주복이다. 한마디로 우주복은 우주활동을 하는 사람들의 생명선이 되어주는 것이다.

예를 들어 미국이 우주왕복선용으로 개발한 우주 선외활동 우주복(Extravehicular Mobility Unit : EMU)은 신체를 감싸는 우주복과 책가방같이 등에 붙은 생명유지 시스템으로 이루

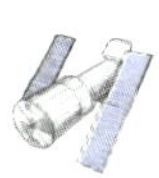

어졌다. 생명유지 시스템은 우주비행사가 뱉어내는 이산화
탄소를 제거하고 산소를 공급하면서 여분의 열을 우주공간
으로 빼내는 역할을 한다.

　우주복은 3겹의 냉각내복, 2겹의 기밀층, 9겹의 우주환경
보호층 등 총 14개의 층으로 이루어져 우주비행사의 신체를
보호하게 된다. 이렇게 많은 겹으로 둘러싸여 있으니, 당연
히 그만큼 두툼하다고 생각하는 사람들도 많을 것이다. 그
러나 우주복의 옷감 자체는 그 두께가 5밀리미터도 되지 않
는다. 오히려 우주공간에서 우주복이 푹신푹신한 것은 우주

복 내부의 0.3기압과 우주공간의 0기압의 기압차에 의해 빵빵하게 부풀어 있기 때문이다. 과자 봉지를 기압이 낮은 산 정상에 가져가면 봉지가 빵빵하게 부풀어 오르는 것과 같은 현상이다.

참고로 우주복의 무게는 통신기기와 음료수, 카메라 등이 함께 장착된 상태에서 총 120킬로그램에 이른다.

그렇다면 이런 우주복은 한 벌에 도대체 얼마나 할까? 우주 선외활동 우주복의 경우는 우주복이 100만 달러, 생명유지 시스템이 900만 달러, 모두 합해서 1,000만 달러다! 1달러를 1,050원이라고 하면 105억 원이나 나가는 셈이다.

우주공간이라는 환경에서 인체를 지키기 위해 모든 기술의 정수가 모였기 때문에 지구상의 명품 따위는 비교도 안 될 정도로 비싼 최고급 의류인 것이다.

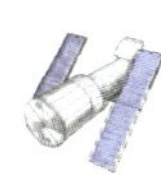

우주에서는 어떻게 샤워를 할까?

우주비행사들이 우주비행을 오래 하다 보면 당연히 샤워가 그리워진다. 다행히 최초의 우주정거장인 우주 실험실 스카이랩에서 샤워 시설을 이용할 수 있다. 그렇다 해도 지구에서 하던 것처럼 샤워하는 것은 불가능하다. 우주에는 중력이 없기 때문에 물이 아래로 떨어지지 않기 때문이다. 그렇다면 우주에서는 어떻게 샤워를 할까?

우주비행사들은 비닐 옷장 같은 샤워 시설에 들어가 몸을 씻게 된다. 이때 샤워기에서 뿜어져 나온 물은 우주에 중력이 없기 때문에 모두 공중으로 흩어진다. 그러면 스펀지 같은 수건을 손에 끼고 흩어진 물방울을 묻혀 몸을 닦는 것이다. 그리고 샤워가 끝난 뒤 진공 장치로 물을 빨아들여 걸러낸 뒤 다음에 또 사용하게 된다. 좀 찜찜하겠지만 어쩔 수 없는 일이다. 우주비행사가 되려면 이 정도 불편은 감당해야 하는 게 아닐까?

우주비행사에게 필요한 자질이란?

요즘은 장래 희망이 무엇이냐는 질문에 "우주비행사요!"라고 대답하는 학생들이 많다. 그만큼 우주비행사는 소년소녀들의 동경의 대상이 되었다. 그렇다면 우주비행사가 되기 위해서는 어떠한 관문을 통과해야 하는 걸까?

미국항공우주국인 나사(NASA)의 우주비행사가 되기 위한 기초적인 자질 세 가지를 먼저 살펴보자.

첫째는 '건강한 신체'다. 우주비행사는 우주로 돌입하기 전까지 강한 중력 저항을 이겨내야 할 뿐만 아니라, 몸에 다양한 변화가 일어나는 우주공간의 특수한 환경에 적응해야 한다. 또한 그런 환경에 대비하기 위해 몇십 종류나 되는 실험을 통과해야 하고, 무중력 상태에서의 임무수행을 위해 수없이 많은 수중 훈련을 반복해야 한다. 1년 이상에 걸친 이런 가혹한 훈련을 완벽하게 끝마쳐야만 우주비행사로서의

첫걸음을 딛게 되는 것이다. 그러므로 이 모든 것을 감당하기 위해, 건강한 신체는 첫 번째로 필요한 필수 자질이라 할 수 있다.

두 번째는 '협동성'이다. 우주비행사들은 좁은 우주선 안에서 여러 명이 함께 공동생활을 한다. 또한 수많은 임무를 수행해야 할 때에 이기적인 행동이나 싸움을 하는 것은 용서받을 수 없다. 협동 정신은 탑승인원 전체를 위해 아주 중요한 자질이 된다.

그리고 세 번째가 '영어능력'이다. 우주선 내에서의 대화, 지상과의 교신 등은 모두 영어로 행해진다. 자기 혼자만 한국어밖에 하지 못한다면, 이미 협동도 어려워지는 것이다.

이상의 세 가지가 아주 기초적인 자질이라면, 우주비행사에게 가장 필요한 능력은 우주에 관한 전문적인 지식이다. 이것이 없다면 당연히 우주비행사가 될 수 없다.

참고로 우주왕복선의 비행사는 맡은 역할에 따라 하는 일이 다르다. 가령 '미션 스페셜리스트' 혹은 '스테이션 사이언티스트'로 불리는 탑승원들은 기기의 조작, 우주 선외활동, 인공위성의 회수 및 방출 등의 임무를 맡는다. 그리고 '페이로드 스페셜리스트'로 불리는 탑승원들은 나사의 우주비행사 이외의 탑승원으로서 우주정거장에서 실험을 담당하는 사람들이다.

그 외에도 우주선의 선장에 해당하는 '커맨더', 기기의 조종 등을 수행하는 '파일럿' 등 우주비행사의 역할은 가지각색이다. 우리나라에서는 이소연 씨가 대한민국 최초의 우주인으로, 2008년 4월에 국제우주정거장에서 11일간 체류하며 실험을 했었다.

이소연 씨를 시작으로 우리나라도 우주를 향한 큰 한 걸음을 내디뎠다. 앞으로 등장할 수많은 한국의 우주인들을 기대해본다.

나사(NASA)는 무슨 일을 할까?

미국항공우주국 나사(National Aeronautics and Space Administration : NASA)는 우주와 관계있는 일을 하기 위해 미국 정부가 1958년에 만든 기관이다. 나사는 장비 개발을 담당하는 항공 우주 기술부, 우주를 연구하는 우주 과학 및 응용부, 수송 및 우주왕복선과 관련된 문제를 다루는 우주비행부, 자료의 추적과 수집을 담당하는 우주 추적 및 자료부, 유인 우주정거장 건설에 관한 일을 하는 우주정거장부로 나뉘어 있다.

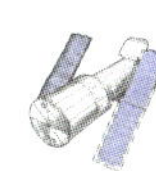

나사는 그동안 많은 일을 했다. 1969년에 아폴로 11호를 타고 간 우주인들이 최초로 달에 착륙했으며, 그 뒤 1972년 아폴로 17호까지 모두 6번이나 사람이 탄 우주선이 달 착륙에 성공했다. 지금은 우주왕복선을 중심으로 우주개발 및 대규모 우주정거장 건설을 계획하고 있다.

우리가 알고 있는 우주비행에 대한 일들은 거의 대부분 나사와 관계가 있다. 현재 나사는 미국에 본부를 포함해서 17개의 시설이 있고, 세계 여러 나라에 40개의 연구소가 있다. 전 세계를 통틀어 명실 공히 우주 관련 최고의 기관이다.

인간이 만든 것 중 가장 멀리 나아간 것은?

1977년 9월에 지구를 떠났지만 아직도 돌아오지 않는 우주선이 있다. 바로 미국의 무인 우주탐사선 보이저 1호다.

보이저 1호의 1차 목표는 목성과 토성의 연구였다. 또한 보이저 1호는 다목적 우주탐사선으로 외계인과 만났을 때를 대비해 우리가 살고 있는 지구를 알릴 준비도 되어 있다. 그래서 이 우주탐사선에는 지구를 알리기 위해 55가지나 되는 언어와 인간에 대한 여러 가지 정보를 담은 CD가 담겨 있다. 보이저 1호는 목성과 토성 탐사를 끝낸 뒤에도 계속 우주여행을 해서, 태양계를 벗어나는 데만 28년이 걸렸다. 지금은 보이저 1호가 인간이 만든 것 중 가장 멀리 나아간 것이라 할 수 있다.

지금도 계속 우주여행 중인 보이저 1호는 한 시간에 7만 4,000킬로미터를 비행하고 있다. 다행히 이런 엄청난 속력의 비행은 관성을 이용하고 있다. 그러나 아무리 관성으로만 움직인다고 해도 장치 제어와 통신 등을 가동하기 위해서는 에너지가 필요하다. 보이저 1호는 이 에너지를 플루토늄이라는 물질에서 나오는 열에서 공급받는다.

보이저 1호의 플루토늄은 2020년 무렵이면 다 닳아서 없어진다고 한다. 아마 보이저 1호는 연료가 다 닳아 없어지는 2020년까지 우주탐사여행을 계속하면서 우리에게 태양계 너머의 자료를 보내줄 것이다.

우주에서는 중력이 없어진다?

우주가 무중력 상태라는 말을 들으면 먼저 떠오르는 것이 우주왕복선 안의 인간이 둥실둥실 떠 있는 영상일 것이다. 그래서인지 대부분의 사람들은 우주왕복선의 내부를 '중력이 없다'고 쉽게 단정한다. 하지만, 엄밀히 따지면 우주왕복선의 안은 중력이 없는 것이 아니라 무게가 없는 것, 즉 '무중량' 상태이다.

물체의 무게는 그 물체에 작용하는 중력의 크기로 측정한다. 지구상의 모든 물체는 지구에서 중력을 받게 되는데, 그 중력이란 지구의 중심을 향해 끌어당겨지는 인력(만유인력)과 지구의 자전에 의해 가해지는 원심력을 합친 힘을 말한다. 다만 지구상에서의 원심력은 매우 작기 때문에 거의 중력을 인력이라고 생각해도 무방하다. 이 중력은 별의 질량에 비례하는데, 큰 별일수록 인력이 세다. 따라서 같은 물체라도 달에서는 무게가 달라진다.

예를 들어, 달의 인력은 지구의 6분의 1이므로 지구에서 체중이 60킬로그램인 사람이 달에서는 10킬로그램이 된다는 이치다.

또한 우주왕복선은 지상에서 230~600킬로미터 높이의 궤도를 돌고 있는데, 이 정도의 고도라면 아직 지구 중력의

영향력 하에 있기 때문에 우주왕복선은 지구를 향해 낙하할 것이다. 그러나 실제로는 그렇게 되지 않는다. 왜냐하면 우주왕복선이 고속으로 지구 주위를 돌면 원심력이 생기게 되고, 중력과 그 원심력이 균형을 이루기 때문이다. 즉, 원심력으로 중력을 없애는 원리로, 중력에서 원심력을 뺀 수치가 한없이 제로에 가까워져서 무중량으로 변한다.

따라서 실제로 지구의 중력을 완전히 벗어나서 인력에 끌려가지 않는 무중력이 되는 것과 우주왕복선의 원심력으로 인력이 없어진 무중량은 결과는 같지만 원리는 다른 것이다.

탐사기의 최후는 어떻게 될까?

우주를 여행하며 우리에게 놀라운 동영상과 데이터들을
보내주는 무인탐사기들. 오늘날 우주과학은 연구자들의 눈
과 손발이 되어 움직여주는 탐사기들 덕분에 발전했다고도
할 수 있다.

그러나 자신의 임무를 완수하기 위해 쉬지 않고 움직이는
탐사기들은 시간이 지남에 따라 점점 낙후될 수밖에 없다.
그렇다면 수명이 다하거나 임무를 완수한 탐사기들은 어떠

한 말로를 맞게 될까?

명예롭고 자랑스럽게 지구에 귀환할 것이라 생각한다면 오산이다.

대부분의 탐사기와 과학위성은 그대로 방치되어 광대한 우주를 방랑하는 처지가 되어버린다. 그런가 하면, 낮은 고도를 유지하며 지구 궤도상에 있었던 것들은 그대로 대기권에 돌입해 산산조각이 나버리기도 한다.

또한 탐사 대상이었던 행성이나 소행성 등에 충돌해버리는 경우도 있는데, 이런 탐사기들은 결국 일회용이 되어버리는 셈이다.

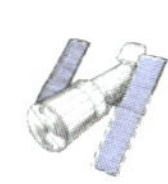

최근에는 수명을 다한 인공위성 로켓 상단 부분이나, 로켓과 인공위성을 분리할 때 발생한 파편들이 우주를 떠돌면서, 우주 쓰레기 문제가 대두되기 시작했다.

이들 쓰레기가 초속 3~8킬로미터의 엄청난 속도로 비행을 하면서 우주선이나 우주정거장에 충돌할 위험이 높아진 것이다. 이제 우주개발에 있어, 이 우주 쓰레기를 없애는 문제마저 대두되고 있는 것이다.

천문학의 발전에 크게 공헌하고 사라졌음에도, 우주 쓰레기로 취급받아야 하는 탐사기들에 대한 안타까움을 감출 수 없다.

우주에도 기상예보가 있다?

태양풍이란 태양에서 쏟아져 나오는 양성자와 전자로 이루어진 미립자의 흐름으로, 지구 가까이 이르렀을 때도 초당 약 350킬로미터의 엄청난 속력을 낸다. 태양풍이 대량으로 불어오면, 지구의 전파통신 상황이 나빠지거나 인공위성에 이상이 발생하여 위성방송 수신이 곤란해지는 등 다양한 문제가 발생하게 된다.

이러한 문제를 피하기 위해서 '우주기상예보'가 실시되고 있다. 태양 흑점의 변화와 플레어, 태양풍의 상태 등을 연구하는 그룹들이 전 세계에서 활동 중이며, 한국에서도 2007년부터 정부 지원으로 '우주환경감시실'을 만들어 태양 폭발 관측시스템을 운영하고 있다. 이 관측시스템의 자료는 사이버 우주환경감시실(http://sos.kasi.re.kr)을 통해 실시간으로 제공되고 있으며, 이곳을 통해 현재의 태양복사환경, 태양입자환경, 지구자기장환경 등을 알 수 있다.

인류는 점점 더 많이 우주로 진출하고 있다. 우주기상예보가 텔레비전 뉴스의 한 코너를 장식할 날도 그리 멀지 않은 듯하다.

미래의 우주개발계획은?

구소련은 1971년에 최초의 우주정거장을 발사했고, 이어 미국에서도 1973년에 스카이랩이라는 우주 실험실을 우주에 띄우는 데 성공했다. 우주 시대는 이 두 나라의 경쟁에서부터 시작됐다고 해도 과언이 아니다.

1986년, 구소련에서는 우주정거장 미르 호를 우주에 띄워 올렸다. 미국은 그보다 3주 전인 1986년 1월 28일, 우주왕복선 챌린저 호를 발사했으나, 쏘아 올린 지 1분 만에 폭발하는 사건이 일어났다. 하지만 1990년 4월 24일 미국은 이 '챌린저 호의 비극'을 딛고 일어나 우주왕복선 디스커버리 호를 성공적으로 쏘아 올렸다. 디스커버리 호의 가장 훌륭한 공적은 최초의 우주망원경인 거대한 허블 우주망원경을 우주에 띄운 것이다.

한편 구소련의 우주정거장 미르 호는 10여 년의 우주생활을 끝내고 2001년 3월 남태평양으로 사라졌다. 그 후 미르 호의 뒤를 잇는 새로운 우주정거장을 만들기 위해 미국, 러

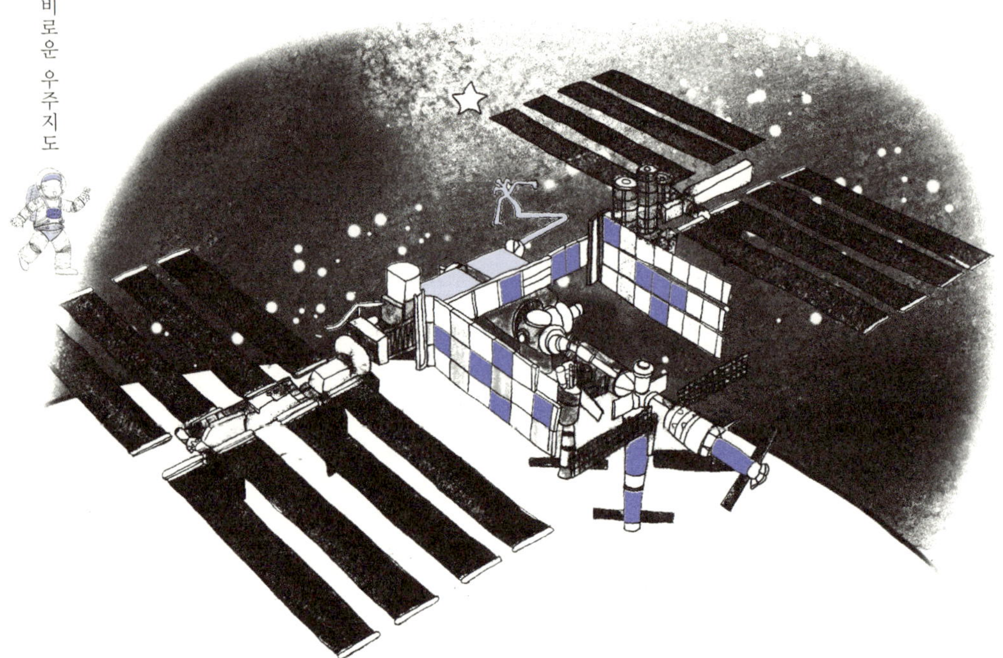

시아, 일본, 유럽 등 여러 나라가 참여해 국제우주정거장을 건설하기 시작했다. 이것은 규모나 역할 면에서 미르 호와는 비교가 안 될 정도로 거대한 계획이다. 앞으로 국제우주정거장은 2011년 내에 완공하는 것을 목표로 건설 중이다.

가장 가까운 우주 이주지 후보는?

머지않은 미래에 인간은 우주에서 살게 될지도 모른다. 우주 이주 계획은 소설이나 만화 속 이야기만이 아니라 실제로 구체적인 이야기가 나오고 있는 단계다. 이주지 후보로 몇 개의 행성과 위성이 후보로 검토되고 있으나 그중 가장 현실적인 달에 대해 살펴보도록 하자.

달의 경우는 뭐니 뭐니 해도 지구에서 가깝다는 것이 가장 큰 매력이다. 탐사선의 성능에 따라 다르긴 하지만, 편도 2~3일이면 도착할 수 있다. 이것은 영상 등의 통신, 생활물자 운송, 긴급 시 인간의 왕래 등에 상당히 중요한 조건이기도 하다.

단, 대기가 희박하고 방사선이 내리쬐고 있으며 때로는 운석이 떨어지기 때문에 우주복 없이는 실외로 나갈 수 없다

는 단점이 있다. 게다가 지하에 기지를 만들고 내부는 지구와 똑같은 기압의 공기로 채운다고 해도 중력은 조정할 수 없다. 달은 지구의 6분의 1의 중력밖에 없으므로 우리의 몸무게도 6분의 1이 된다. 걸을 때도 아마 둥실둥실 떠 있는 느낌으로 걷게 될 것이다.

에너지원은 주로 태양광이지만, 낮이 14일 계속된 후에는 밤이 14일 계속되기 때문에 항상 태양광이 닿는 장소에 발전소를 지어야 하는 등의 연구가 필요하다. 달에서 조달할 수 있는 자원으로는 핵융합 연료가 되는 '헬륨3'이 있는데, 그 매장량은 수천 년 동안 전 세계 소비전력을 공급할 수 있는 양이라고 한다.

우리나라는 언제부터 달과 별을 관측했을까?

우리나라 사람들은 아주 오랜 옛날부터 하늘을 보며 해와 달과 별의 움직임을 관찰했다. 옛날 사람들이 하늘을 관찰한 것은 농사를 잘 짓기 위해서였다. 언제 씨를 뿌리고, 언제 논을 매야 할지 알려면 하늘의 움직임에 민감해야만 했던 것이다.

실제로 『삼국사기』를 보면 신라에서는 기원전 54년부터 기원후 911년 1월까지 거의 1,000년에 걸쳐 일식을 관측한 기록이 있다. 또 고구려에서도 445년간, 백제에서도 606년 간 관측한 기록이 있다. 관측한 내용에는 일식이나 월식뿐 아니라 수성, 금성, 화성, 목성, 토성의 움직임은 물론 혜성 의 출현과 유성이 떨어지는 것까지 망라되어 있다.

그렇다면 이런 관측은 어디에서 이루어진 것일까?

신라에는 세계에서 가장 오래된 천문대 중 하나인 첨성대 가 있었다. 첨성대는 신라 선덕여왕 16년 때인 647년에 만 들어진 것이다. 이는 이때부터 이미 우리 선조들이 적극적

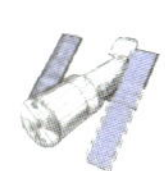

으로 천체를 관측했다는 것을 보여주는 것이기도 하다. 뒤이어 고려 시대 때도 역시 첨성대를 세우고 관측을 했으며, 서운관이라는 곳을 통해 수많은 천문 관측과 연구 활동이 이루어졌다.

조선 시대에 들어와서도 천문 관측은 계속되었다. 특히 세종대왕 때부터 본격적으로 천문기기를 만들어 과학적 관측을 위한 노력을 아끼지 않았다. 1434년에 경복궁에서 완공된 간의대라는 천문대가 유명한데, 그 안에 수많은 관측기구를 두고 관측을 했다. 우리나라 천문 관측의 역사는 이처럼 오랜 시간 끊임없이 이어져 내려왔다.

인공위성은 무슨 일을 할까?

밤하늘의 별 중에 유독 반짝이면서 천천히 움직이는 별을 본 적이 있는가? 그런 별을 보았다면, 어쩌면 별이 아니라고 의심을 해봐야 할지도 모른다. 사실 하늘에는 별처럼 반짝거리며 떠다니는 인공위성이란 것이 있다. 인공위성은 어떤 목적을 이루기 위해 지구 주위를 도는 비행물체를 말한다. 달도 똑같이 지구 주위를 돌긴 하지만, 사람이 만든 물체가 아닌 자연적인 것이기 때문에 인공위성과는 구분된다.

그렇다면 인공위성은 어떤 것들로 구성되어 있을까?

인공위성에는 보통 첨단 관측기구나 장비가 있다. 위성은 목적에 따라 그 쓰임새가 다른데, 통신위성처럼 항상 같은 곳에 떠 있는 위성은 지구에서 보내온 전화와 텔레비전 신호를 받아 다른 지역으로 보내는 역할을 한다. 휴대전화로 통화를 하거나 텔레비전에서 월드컵 중계방송을 볼 수 있는 것은 다 통신위성 덕분이다.

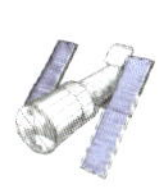

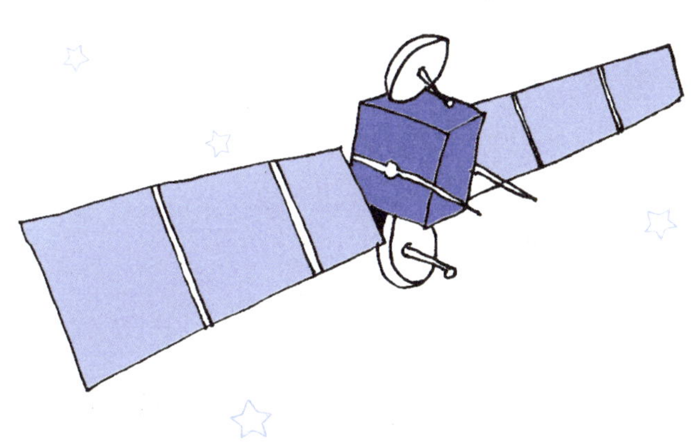

또한, 땅 위에서는 확인할 수 없는 우주에 대한 정보를 알려주는 천문 관측위성도 있다. 이 위성은 지구의 자기장과 방사선, 태양풍에 대한 조사를 한다. 그리고 먼 곳에 있는 별과 은하에서 오는 감마선, 자외선, 엑스선 그리고 적외선

같은 복사선에 대해서도 조사하는 등 다양한 일을 하는 위성이다. 이 외에도 지구의 날씨를 알아보거나 태풍의 진로 확인에 중요한 역할을 하는 기상위성 등 여러 종류의 위성이 있다.

우리나라에서도 우주선을 쏘아 올렸을까?

우리나라는 아직까지 자체적으로 우주선을 띄워 우주로 나간 적은 없다. 그러나 1992년 8월 11일, 우리나라에서 처음으로 인공위성이자 과학 연구용 위성인 '우리별 1호'를 쏘아 올렸다. 이어서 통신 방송용 위성 및 다목적 실용위성까지 다양한 인공위성을 발사했다.

이 인공위성들 덕분에 휴대전화로 멀리 있는 친구와 쉽게 전화도 할 수 있고, 자동차 안에서 GPS(위성 위치 확인 시스템)를 통해 길 안내도 받을 수 있다.

뿐만 아니라 우리나라에서도 우주선을 쏘아 올릴 준비가 차근차근 이루어지고 있다. 이미 전라남도 고흥의 외나로도에는 우주센터가 건립되었다. 외나로도 우주센터는 인공위성 및 우주선을 쏘아 올리는 기지 같은 곳으로, 우주선에 관련된 모든 일을 처리한다. 이 우주센터가 세워지면서 우리 나라는 세계에서 열세 번째로 우주선 발사 기지를 가진 나라가 된 것이다. 우리나라에서 발사한 우주선을 보는 것도 그리 먼 이야기는 아니다.

우리나라의 인공위성에는 어떤 것들이 있을까?

얼핏 우리나라의 우주 관련 기술은 많이 부족하다고 생각하기 쉽지만, 사실 우리나라는 세계에서 25번째로 인공위성을 많이 쏘아 올린 나라다.

1992년 8월 11일에 '우리별 1호'가 발사되었고, 1999년 5월 26일에는 순수 국내 과학자들이 직접 개발한 '우리별 3호'가 발사되었다. 거의 7년 만에 국내 기술로 위성을 쏘아 올린 쾌거에 전 세계는 놀라움을 금치 못했다.

발사된 인공위성들을 살펴보면, 우리별 1호, 2호, 3호, 5호, 그리고 과학기술위성 1호는 모두 과학 연구용 위성이고 1995년에 띄운 무궁화 1호, 2호, 3호는 모두 통신 방송용 위성이다. 그 밖에도 우리나라는 다목적 실용위성인 아리랑 1호, 2호를 발사하는 등 인공위성 개발을 계속하고 있으며,

2015년에는 세계 10위권 안에 드는 선진 우주국으로 들어
설 예정이다.

우리나라도 인공위성을 해외에 수출한다?

인공위성 우리별과 무궁화가 속속들이 우주로 쏘아 올려
지면서 우리나라 우주기술의 수준이 점차 일반인들에게 알
려지고 있다. 그러나 우리나라가 인공위성을 수출까지 하고

있다는 사실을 아는 사람들은 그리 많지 않을 것이다.

2005년에 한 작은 기업이 개발한 토종 인공위성 '라작셋'을 해외로 수출했다. 2000년에 개발하기 시작해서, 5년 만에 이룩한 쾌거였다. 라작셋은 환경 변화가 심한 지구 적도 지역의 재난을 감시하기 위해 설계되었으며, 지금도 계속 수출되고 있다.

이로써 우리나라는 불과 10년이라는 짧은 기간에 세계 10위권의 위성 기술 보유국이 되었다. 어쩌면 우리나라가 인공위성은 물론이고 우주왕복선까지 수출하는 날이 올지도 모른다.

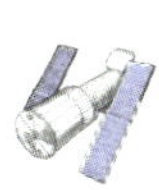

외계인 탐색 프로젝트에 참가해볼까?

지구 밖에는 외계인이 정말 존재하는 걸까? 이것은 우주 마니아는 물론 우주에 흥미가 없는 사람조차도 남녀노소를 불문하고 공통으로 가진 관심거리일 것이다. 이런 의문에 대중적으로 접근한 것이 'SETI@home'으로 불리는 프로젝트다. 'SETI(Search for Extraterrestrial Intelligence)'란 '지구 외 지적 생명 탐사'라는 의미이다. 참가자의 공동 작업 및 자유참가를 통해 외계인을 발견하려는 시도로, 미국 캘리포니아 대학 버클리 캠퍼스에서 1999년 발족된 이래 전 세계에 수백만 명의 등록자가 활동 중이다.

프로젝트의 내용은 다음과 같다. SETI@home 사이트에서 무료 배포되는 소프트웨어를 컴퓨터에 설치한 다음, 서버에서 보내오는 전파망원경의 자료를 자신의 컴퓨터에 전송받는다. 전파망원경의 자료란 푸에르토리코에 있는 아레시보 전파망원경이 우주로부터 받아들여 스캔한 전파 자료를 말하며, 참가자들은 자유롭게 그것을 해석한다.

만약 우주의 어딘가에 외계인이 존재한다면, 우리 지구인

들이 텔레비전이나 라디오 전파를 우주로 발사하고 있는 것과 마찬가지로 어떠한 전파를 보내고 있을 터이다. 그 전파를 해석한 결과 자연계에서는 있을 수 없는 전파라고 판명이 된다면, 그것은 지구 외 지적 생명체가 존재한다는 증거이며 탐색의 중요한 단서가 될 것이다. 그러나 이 전파를 일일이 판명하는 데에는 엄청난 시간이 걸릴 수 있으므로, 이것을 공동의 노력으로 해결하려는 노력이 SETI@home인 것이다.

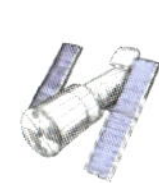

SETI의 의지를 이어받은 새로운 프로젝트들도 속속 등장하는 분위기다. 그중 하나가 'BONIC'으로, SETI@home과 유사한 프로그램들로 구성되어 있으며 SETI@home을 능가하는 새로운 기술까지 추가되어 있다. 그리고 BONIC을 기본으로 하는 'Astro Pulse'라는 프로젝트도 진행 중이다. 이 프로젝트는 주로 블랙홀이나 지구 외 문명 등의 탐사가 목적이며, SETI@home의 데이터를 다시 조사하여 새로운 신호를 찾는 작업을 하고 있다.

외계인이 우주의 어딘가에 반드시 존재할 거라고 확신한다면 당신도 이러한 프로젝트에 관심을 가지길 바란다. 우주 저편에서 외계인이 우리 인간처럼 신호를 보내고 있을지도 모르니까.

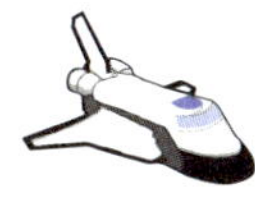

천문대에 가보고 싶다면?

지금까지 즐겁게 지구와 우주를 여행했는가? 그렇다면 이제 직접 우주의 신비를 느껴볼 차례다. 천문대에서 직접 별을 관측해보기도 하고, 플라네타륨에 가서 각종 별자리를 찾아보자.

천문대는 산꼭대기에 있거나 대중교통으로는 접근하기 어려운 장소에 있는 경우가 많다. 숙박시설을 완비하고 있는 천문대도 있으므로 여행지로 적합한 곳도 있다. 요즘에는 아이들을 위한 캠프로도 많이 활용된다. 다만 가고 싶은 곳은 반드시 전화나 인터넷으로 문의를 한 후 꼼꼼히 준비를 해야 할 것이다.

가까운 천문대를 몇 군데 소개해보겠다.

🔭 경기도 가평 자연과별 천문대

- 031 - 581 - 4001

- www.naturestar.co.kr

- 오후 7시 30분부터 강의 및 관측 가능

🔭 경북 예천 예천천문우주센터

- 054 - 654 - 1714

- www.portsky.net

- 오전 10시부터 관측 가능

🔭 경기도 양평 중미산 천문대

- 031 - 771 - 0306

- www.astrocafe.co.kr

- 사전 예약제와 프로그램별 정원제도로 운영

🔭 경북 영천 보현산 천문대

- 054 - 330 - 1000

- boao.kasi.re.kr

- 오전 10시부터 개방. 연구기관이라서 일몰 후 통제

곡성 섬진강 천문대

- 061-363-8528
- star.gokseong.go.kr
- 오후 2시부터 개방

강원도 영월 별마로 천문대

- 033-374-7460
- www.yao.or.kr
- 오후 2~3시부터. 예약 필수

이 외에도 인터넷 등으로 천문대나 플라네타륨을 검색하면 많이 나오므로 우주에 관한 정보 수집에 큰 도움이 될 것이다.

그린이 **박유진**

한성대학교 회화과를 졸업하였고 1997년 '가칭 300개의 공간전'에 참여하였으며, 1999년까지 서리태, 아즈라엘 등 언더 락 그룹 리드보컬로 활동을 벌이기도 했다. 현재 네띠앙 NEO 카투니스트로 활동하고 있다.
그린 책으로는 『세상에서 가장 재미있는 세계지도』『세상에서 가장 쉬운 수학지도』『세상에서 가장 재미있는 문명지도』『세상에서 가장 재미있는 남극지도』『세상에서 가장 재미있는 과학지도』 등이 있다.

세상에서 가장 신비로운 우주지도

1판　1쇄　2008년 11월　5일
　　　10쇄　2013년 11월 15일

지 은 이　지식리트머스
일러스트　박유진

발 행 인　주정관
발 행 처　북스토리
주　　　소　경기도 부천시 원미구 상3동 529-2 한국만화영상진흥원 311호
대표전화　032-325-5281
팩시밀리　032-323-5283
출판등록　1999년 8월 18일(제22-1610호)

홈페이지　www.ebookstory.co.kr
이 메 일　bookstory@naver.com

ISBN　978-89-89675-43-3　03400
　　　　978-89-93480-01-6 (세트)

※잘못된 책은 바꾸어드립니다.